宁夏回族自治区重点研发项目资助（2018BEB04012）

# 宁夏
## 西海固乡村聚落空间优化研究

马冬梅 著

中国建筑工业出版社

**图书在版编目（CIP）数据**

宁夏西海固乡村聚落空间优化研究 / 马冬梅著 . —北京：中国建筑工业出版社，2021.1

ISBN 978-7-112-25655-6

Ⅰ.①宁⋯　Ⅱ.①马⋯　Ⅲ.①乡村地理—聚落地理—乡村规划—研究—宁夏　Ⅳ.①TU982.29

中国版本图书馆CIP数据核字（2020）第237715号

本书首先从空间分布、空间功能、空间结构、空间形态四个方面，系统分析与研究了西海固乡村聚落空间演进特征及影响因素，剖析影响因素的作用机制。其次，通过对既有乡村聚落研究理论的系统整合，构建了西海固乡村聚落空间优化引导框架，形成从宏观到微观、从功能到结构、从形式到内容的多维度研究体系。最后，通过解析乡村聚落空间构成要素及其特征，提炼出乡村聚落内部空间布局优化模式，在实践层面上作为新时期西海固乡村聚落空间优化范式与路径。

本书可供城乡规划专业教学、科研人员及乡村规划设计、建设和管理人员参考。

责任编辑：许顺法
版式设计：京点制版
责任校对：赵　菲

# 宁夏西海固乡村聚落空间优化研究

马冬梅　著

\*

中国建筑工业出版社出版、发行（北京海淀三里河路9号）
各地新华书店、建筑书店经销
北京点击世代文化传媒有限公司制版
北京建筑工业印刷厂印刷

\*

开本：787毫米×1092毫米　1/16　印张：10¼　字数：213千字
2020年12月第一版　2020年12月第一次印刷
定价：50.00元
**ISBN 978-7-112-25655-6**
（36697）

# 前　言

　　宁夏西海固地区是全国闻名的贫困地区，特殊的自然环境与独特的地方文化共同孕育出集地域性与文化性于一体的乡村聚落空间。中华人民共和国成立以来，该地区因人口增长过快而经济发展滞后、自然条件严酷、生态环境脆弱，成为中国 14 个集中连片特困地区之首。为摆脱贫困，国家先后启动了生态移民工程、美丽乡村建设和农村危窑危房改造等多方位的振兴战略，推动了西海固地区的经济发展，加速了城乡空间快速转型与重构。在此背景下，如何在城乡空间剧烈转型与重构中传承传统乡村聚落的空间特色、提升其与当代生活的适应性，是西海固地区经济协同发展与地方文化传承的重要科学问题。

　　研究以问题探寻为导向，以"聚落特征—问题判识—空间优化"为路径，应用定性分析与定量研究相结合的多学科交叉分析法，从阐述西海固乡村聚落演化历程入手，系统分析聚落空间演进特征及影响因素。同时，基于传统社会结构的解析，深入剖析典型聚落空间特征与存在的问题。在上述研究基础上，构建了乡村聚落空间优化引导框架，探讨了聚落空间优化策略，研究内容共分 5 个部分：

　　第一，在阐述西海固乡村聚落空间演进历程的基础上，从空间分布、空间功能、空间结构、空间形态四个方面系统分析聚落空间演进特征。研究结果表明：聚落空间分布形态由"集中—扩散—大分散"演化；聚落空间功能由"均质同构"向"异质多元"演化；聚落空间结构由单一中心的同心圆结构向复杂多中心结构演化；聚落空间形态由"集聚团状"向"松散多样"演化。

　　第二，在解析西海固乡村聚落空间构成要素的基础上，选择典型案例剖析聚落空间特征。研究表明，乡村聚落空间特征主要体现为：生态空间由山、水元素构成；居住空间呈现聚族而居特征；生产空间呈现农牧兼具、多业并举的多元化特征；公共空间沿村庄主要道路呈带状布置。

　　第三，在分析聚落经济活动特征、村民生活行为路径的基础上，归纳总结出乡村聚落空间存在的问题为：村民自治下居住空间的疏离与同质；传统模式下生产空间的分散与低效；政府主导下公共空间的缺失与失谐；经济模式下生态空间的侵扰与破坏。

第四，根据"满足村民生产生活需要，改善聚落人居环境，促进地方经济增长，实现区域可持续发展"的聚落空间优化初衷，构建了"两个层级、三大内容、四维目标"的聚落空间优化引导框架，完成由问题解析向方法探寻的自然过渡。

第五，从聚落体系和聚落单体两个层面，以及整合功能结构、优化空间布局、调控尺度规模三大内容入手，提出西海固乡村聚落空间优化策略。在聚落体系层面，提出乡村公路导向的人口转移模型，构建点轴型聚落体系空间布局优化模式，形成"综合—专业"型产业地域一体化分工体系，探讨生活圈理念下的县域范围四级公共服务设施配置体系。同时，在分析影响聚落距离尺度因素的基础上，提出聚落间适宜距离：河谷川道地区为 2 ~ 3km，黄土丘陵地区为 3 ~ 7km。在聚落单体层面，提出聚落内部空间功能整合重点在于提升基本生存功能、整合产业驱动功能、融入品质改善功能。三种基本乡村聚落空间布局优化模式是：自然村为向心聚合模式与单向偏离模式；行政村、乡集镇为单核心聚合模式；镇政府所在地村庄为多核心非均衡模式。同时，提出乡村聚落主体中心村适宜人口规模：河谷川道地区为 2000 人，黄土丘陵地区为 1500 人。

# 目　录

# 1 绪论

## 1.1 研究背景与对象

### 1.1.1 研究背景

（1）国家层面：乡村聚落空间优化的重要性

中国自古是一个农业大国，乡村地域广阔、人口众多，乡村聚落历来是中国人口聚居的主要形式和场所。截至2016年末，全国仍有58973万人口居住、生活在乡村地区，涉及上百万个村落和乡集镇。改革开放以来，我国乡村地区的发展取得了举世瞩目的成就，但长期的"城乡二元"结构与长久的历史积淀使城市和乡村地区发展严重失衡，农业、农村、农民问题一直是阻碍中国走向全面小康社会的羁绊。自2004年起，国家连续16年发布的一号文件直指"三农"问题，大大促进了我国农业的改革和农村的发展，标志着国家政策从"重城轻乡"走向"城乡并重"和"城乡统筹"的发展道路上。尤其是2005年，党的十六届五中全会提出的建设社会主义新农村的重大战略决策，更是以"生产发展、生活宽裕、乡风文明、村容整洁和管理民主"的具体要求指导着我国广大乡村地区的建设和发展。党的十七大再次强调统筹城乡发展，改善农村人居环境，推进社会主义新农村建设。2012年，党的十八大提出建设美丽中国的宏伟目标，而美丽乡村建设又成为新时期乡村建设的新目标和实现美丽中国的重要突破口。而在2017年，党的十九大又提出"坚持农业农村优先发展，实施乡村振兴战略"，按照"产业兴旺、生态宜居、乡风文明、治理有效、生活富裕"的总要求统筹推进农村建设，让农村成为安居乐业的美丽家园。

因此，优化乡村聚落空间结构、改善乡村人居环境是我国破解"三农"问题，实现乡村振兴战略；破除城乡二元结构，实现城乡统筹发展；打破乡村经济发展壁垒，实现全面建成小康社会、社会主义现代化国家的重要途径。

（2）省级层面：宁夏南部山区乡村聚落空间优化的必要性

宁夏地处我国西部内陆欠发达地区，因自然地理、历史基础和经济社会环境的差异，区域内部发展差异性显著，宁夏北部川区得益于黄河灌溉之利，以全区43%的国土面积集中了全区 61% 的人口、80% 的城镇，并创造了全区 90% 以上的经济产值和 94% 的财政收入。而南部山区自然条件严酷、物质资源匮乏、生态环境脆弱、经济发展滞后、道路交通不畅，属于国家 14 个集中连片特困地区之首（六盘山连片特困地区），至今仍有 100 多万贫困人口常年居住在广袤的乡村地区。长期以来，粗放式的农业经营使得贫困农户的收入低而不稳，外出务工亦极为不便，农户年人均收入低于国家新的贫困线标准 2300 元 [1]。

为了缩小宁夏南北山川差距，切实改善南部贫困地区农村生产生活条件，在国家一系列政策的引领下，自治区实施了"美丽乡村建设"，"农村危窑危房改造"等战略措施，明确提出将扶贫开发与美丽乡村建设和农村危窑危房改造相结合。截至 2016 年末，在南部山区，累计建设整治村庄 221 个，改造农村危窑危房 17.4 万户，解决了 60 多万农村贫困群众的住房困难问题。除此之外，宁夏政府还加大了南部山区生态移民工程的实施力度，仅"十二五"期间，就完成移民搬迁 6.45 万户，涉及 27.78 万人，累计建设移民安置区 160 个，其中 80% 的移民采取县域内安置模式。一系列重大战略措施助推了宁南山区乡村聚落的快速发展和建设，也使该地区乡村空间结构进入快速转型与重构阶段。因此，构建适应新时期、新形势下宁南山区乡村空间优化引导框架，探寻合理的空间优化模式，改善村民生产生活条件、促进地方经济发展，是保障该地区可持续发展以及实现宁夏山川共济与和谐发展的重要途径。

（3）区域层面：西海固乡村聚落空间优化的必要性和紧迫性

宁夏南部的西海固地区（也称"宁南山区"）总面积 3.05 万 km²，占宁夏国土面积的 58.8%。2016 年末，区域总人口 199.6 万人，占宁夏人口总数的 51.1%。由于自然条件严酷，西海固地区贫困人口比例远远高于宁夏其他地区❶，农民的脱贫致富和乡村聚落的建设发展始终是各级地方政府工作的重中之重。

然而，乡村聚落的发展深受乡村自然地理和社会人文等多重因素的深刻影响。西海固乡村聚落在快速发展过程中逐步显现出社会、经济、生态、文化等方面的突出问题：①受自然环境的人居适宜性限制，地区县域自然村庄空间分布密度仅为 0.10 ~ 1.50 个 /km²[2]，空间分布极为分散。而且，以黄土丘陵为主体地貌的区域内，乡村聚落建设规模普遍偏小❷。乡村聚落的分散小型化，使乡村地区公共服务设施和基础设施难以统一配置。同时，基础设施落后和公共设施严重不足又进一步制约了乡村聚落的经济发展。②西海固是泾河、清水河、葫芦河三河的发源地，在国家"两屏三带"生态安

---

❶ 据《"十三五"生态移民规划》报告显示，宁夏中南部 8 个县区都有贫困人口的分布，中南部共辖 1285 个行政村，贫困人口涉及 994 个行政村四千多个自然村。

❷ 西海固地区乡集镇平均人口不足 2000 人，以海原县为例，其所辖的 12 个乡集镇，平均人口规模不足 500 人；而西海固地区村落中，除生态移民点住居较为集中，村庄规模较大以外，其余村庄规模普遍较小，其中，2000 人以上的行政村仅占行政村总数的 2%，1000 ~ 2000 人的占 47%，500 ~ 1000 人的占 32%，500 人以下的约占 19%。

全战略格局中，是黄土高原—川滇生态屏障的重要组成部分，生态功能显著，属于国家级重点生态功能区，被列为限制开发区域（图1-1）。然而，在一些自然条件和地理区位较为优越的地区，伴随村民生产方式的改变，乡村聚落产业的转型，部分聚落的非农产业逐步崛起，但粗放式生产发展模式造成了聚落及周边地区不同程度的污染，也使地区原本脆弱的生态环境雪上加霜。③乡村聚落生产、生活功能的高度复合造成聚落内部功能混杂，人畜共处，大部分村庄村容村貌脏、乱、差，严重影响了聚落人居环境。另外，村民建房自发随意，房屋建设讲排场、搞攀比，住房面积远远超过国家颁布的建设标准。随着地区社会经济的不断发展，乡村聚落功能逐渐由"同质同构"向"异质多元"转化，"一刀切"的村庄整治模式显然不适合所有

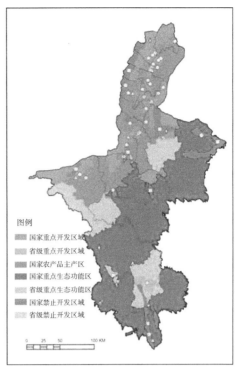

图1-1　宁夏主体功能区划分总图
资料来源：《宁夏回族自治区主体功能区规划》

聚落，故针对各聚落差异化的主导功能提出相应的聚落空间布局优化模式已迫在眉睫。④乡村聚落是村民生存、生活和生产的基本场所，也是中国传统文化的载体，更是我国历史文化遗产的重要组成部分。然而，随着村民建房热潮的掀起，出于对便利交通的追逐，新建房屋沿村落对外交通不断延展，打破了原有乡村聚落的居住格局，整齐划一的新农村民居也破坏了传统聚落的空间肌理……。乡村聚落内部空间结构的变迁意味着聚落作为文化载体的承载功能在日益弱化，"皮之不存，毛将焉附？"，这将直接影响到地方文化的保护和传承。因此，西海固乡村聚落作为中国传统文化保护和传承的根据地，寻求合理的空间发展模式，传承传统文脉，重塑文化特色，同样是西海固乡村聚落空间重塑过程中迫切需要解决的问题。

当前，西海固地区美丽乡村建设还局限在乡村聚落物质空间的建设，重点放在乡村聚落风貌的整治和环境的改造上，重视可视聚落空间的建设，忽视了构建聚落自身循环的功能，聚落的可持续发展难以保证[3]。因此，在国家到地方大力度政策倾斜以及地区社会经济持续发展和居民生活、生产方式转型的背景下，西海固乡村聚落空间整合与优化刻不容缓。认真分析西海固乡村聚落的特征和存在的问题，以历史发展新机遇为契机，乡村聚落相关理论为指导，寻求适宜西海固乡村聚落空间发展模式，满足村民生产生活需求、改善乡村聚落人居环境、促进乡村聚落经济增长，

重塑乡村聚落文化景观，使西海固这一贫困地区真正走上一条健康、良性、可持续发展的道路（图 1-2）。

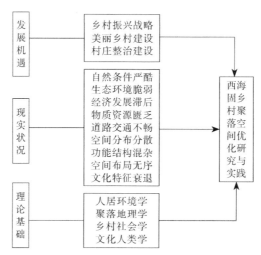

**图 1-2　西海固乡村聚落空间优化背景分析**

资料来源：作者绘制

## 1.1.2　概念释义

（1）聚落与乡村聚落

"聚落"一词，起源久远，《史记·五帝本纪》中记载"一年所居成聚，二年成邑，三年成都"。其注释中注解道："聚，谓聚落也。"《汉书·沟洫志》中也记载"或久无害，稍筑室宅，遂成聚落"[4]。而在近现代，聚落泛指一切居民点，即"人类按照生产和生活需要而形成的集聚定居地点"。聚落中除了有大量的房屋建筑，还有与居住生活直接相关的诸如道路、公共设施等，还包括各种生产设施。根据聚落性质与规模等级的差异，聚落（居民点）通常划分为城市型聚落和乡村型聚落两大类[5]（图 1-3）。

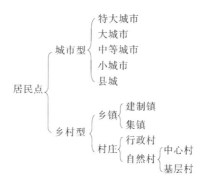

**图 1-3　居民点体系结构图**

资料来源：郭晓东著. 乡村聚落发展与演变——陇中黄土丘陵区乡村聚落发展研究 [M]. 北京：科学出版社，2013.

城市的行政概念，在我国是指按照国家行政建制设立的直辖市、市和建制镇[6]；其中，按行政管辖的不同，还可把市进一步划分为地级市和县级市。按人口规模的不同，还可把市划分为特大城市、大城市、中等城市、小城市和县城。市是经由国务院批准建制的行政地域，市与乡的分野鲜明，本文在此不再赘述。

建制镇是省、直辖市和自治区人民政府按照国家行政建制批准设立的镇，因建制镇是介于城市与乡村之间的过渡性聚落，故其兼有乡村聚落和城市聚落的特点。我国对于建制镇的界定主要采用居民点人口的下限和职业构成两个要素相结合的办法。1984年国务院批转的民政部关于调整建制镇标准的报告中对设镇有明确规定：县人民政府驻地的县城均应设置镇的建制；总人口在2万以下的乡，乡人民政府驻地非农业人口超过2000的，可以建镇；总人口在2万以上的乡，乡人民政府驻地非农业人口占全乡人口10%以上的也可设镇的建制；少数民族地区、人口稀少的边远地区、山区和小型工矿区、小港口、风景旅游、边境口岸等地，非农业人口虽不足2000，如确有必要也可设置镇的建制[7]。很明显，我国对偏远少数民族地区建制镇的设立条件要宽限的多，尤其是偏远少数民族地区除县城以外的建制镇，是以农业以及建立在农业基础上的第三产业为主导产业的小城镇，是由乡村聚落向城市聚落转变的过渡型聚落，其产业构成、人口规模以及聚居形式更具有乡村聚落特征。

乡集镇是指乡、民族乡人民政府所在地和经县级人民政府确认，由集市发展而来的，作为农村一定区域经济、文化和生活服务中心的非建制镇（《村庄和集镇规划建设管理条例》，1993）。

村庄，通常又称"村落"，是农村村民居住、生活和生产的聚居点，通常包括行政村和自然村。行政村是一个行政概念和辖区概念，是受到国家法律认可的村民组织，是比乡或镇低一等级的行政组织。通常情况下，若干个大小不一的自然村构成一个行政村，而村委会所在地会选择人口规模较大且地理区位较好的自然村。自然村是由若干农户宅院集聚而成的最基层的居民点，是构成人类居民点的最小单位。另外，与村庄相关的概念还有中心村和基层村，二者皆是规划范畴内的特定概念，中心村是镇域镇村体系规划中，规模较大、设有一定公共服务设施且兼为周围村服务的村庄，而基层村则是中心村以外的村。所以，中心村往往通过相对基层村更高层次和更加完善的基本公共服务设施的设置来发挥辐射效应。但中心村和基层村并不必然地与行政村对应，较为常见的是以行政村为单位确定中心村或者基层村，但也存在着在行政村内部进一步确定自然村庄聚落来落实中心村的做法[8]。

西海固地区常住人口195.1万人，其中乡村人口130.4万人，占区域总人口的66.8%，分布在90个乡镇和1146个行政村中。因此，乡村聚落是西海固地区主要的聚落类型。西海固乡村聚落类型除了大量的乡集镇和村庄外，还有象原州区的三营镇、同心县的韦州镇、下马关镇等建制镇,皆是由古丝绸之路上的商贸型集镇或古代军事驻地发展演变而来,属于传统农业型小城镇,对于研究村民生活习性和生产特征极具代表性。

结合上述相关概念分析,可以凝练出乡村聚落具有三大属性:第一,空间性,聚落同社区一样,作为居民生活的社会共同体,强调居住在一定的地域空间范围内,地域则是聚落自然地理和人文地理的空间载体,其具有空间性特征。第二,共同性,由于群体拥有相同的价值观念以及生活风俗,甚至共同的生活用语。在生活、生产的方方面面,乡村聚落内部的成员总是呈现出诸多的共同性。第三,密切联系性,由于族群的共同性、居住地域的空间性,故聚集在一定地域范围内的村民往往有着强烈的血缘、地缘、亲缘和业缘关系,相互间交往密切频繁,也因此使乡村聚落成为"极'熟人社会'"。

所以,明确了乡村聚落的含义和属性后,可以进一步准确统计研究对象(表1-1)。

西海固各县、区乡村聚落数量统计表(2016年) 表1-1

| 项目 | 原州区 | 西吉县 | 隆德县 | 彭阳县 | 泾源县 | 同心县 | 海原县 | 总计 |
|---|---|---|---|---|---|---|---|---|
| 乡、镇(个) | 11 | 19 | 13 | 12 | 7 | 11 | 17 | 90 |
| 行政村(个) | 153 | 296 | 113 | 156 | 105 | 154 | 169 | 1146 |

资料来源:《宁夏统计年鉴(2017)》

(2)乡村聚落空间结构

所谓"空间结构",一般可通俗地理解为人类的各项活动作用于地球表面所形成的空间组合和空间组织形式。其中,"空间"是指与时间相对的一种物质存在形式,由长度、宽度、高度表现出来,而"结构"则指组成系统的各要素通过不同的组织方式或连接方式所形成的一种固有的、相对稳定的排列方式[9]。

而关于乡村聚落空间结构,范少言(1995)认为乡村聚落空间结构是在一定的生产力水平下,人类认识、利用和改造自然的诸多活动在地域空间上的综合反映,是乡村经济活动和社会文化要素相互交织综合作用的结果。通常,乡村聚落空间结构分为三个层次:①区域乡村聚落空间结构,其从宏观区域层面反映乡村聚落空间分布和组织布局;②群体乡村聚落空间结构,即中心乡村聚落与其吸引范围村庄相互作用所形成的地域关系,其主要组成要素有群体的规模、体系、经济社会特征和形成机制;③单体乡村聚落空间结构,即单个聚落发展所遵循的空间模式,主要内容有规模、用地组织、区位、社会结构与文化特征、自然特征及景观构成[10]。

郭晓东(2012)认为乡村聚落空间结构是指农业地域中居民点的组织构成和变化移动中的特点,是村庄分布、农业土地利用和网络组织构成的空间形态及其构成要素间的数量关系。同样，他也认为聚落空间结构的概念具有狭义和广义之分。狭义的聚落空间结构一般指单个聚落内部的空间结构，而广义的聚落空间结构则除了包括聚落单体内部空间结构之外，还包括聚落体系空间结构，诸如城镇体系空间结构与镇村体系空间结构都属于广义的聚落空间结构范畴[7]。

一般而言，聚落诸多问题的出现，追根溯源都与其空间组织结构的不合理有着密切关系，故厘清乡村聚落空间结构内涵，针对乡村聚落空间结构出现的问题，通过科学合理的措施进行优化正是本文研究的重要动力所在。

### 1.1.3 研究对象

西海固位于宁夏南部，故也称"宁南山区"。整个区域处于西安、兰州、银川三个省会城市构成的三角地带中心，其东与甘肃庆阳市、平凉市为邻，南与平凉市相连，西与白银市分界，北与宁夏中卫市的沙坡头区、中宁县接壤。

"西海固"是一个自然和人文地理概念，而非行政区域概念，其含义有狭义和广义之分。狭义的西海固是对原西吉、海原、固原（今原州区）三县的联称❶，始于1953年成立的西海固回族自治区，隶属于甘肃省。1954年，西海固回族自治区又更名为西海固回族自治州。1958年，宁夏回族自治区成立后，国务院将其划归宁夏管辖，设为固原专区。而广义的西海固原指固原市的四县一区（原州、西吉、隆德、彭阳、泾源）和吴忠市的两县一区（同心、盐池、红寺堡），以及中卫市的一县一区（海原县、沙坡头区和中宁县南部的部分山区）（图1-4），总面积3.05万km²，占宁夏国土面积的58.8%。由于宁夏的几次行政区划调整，使西海固区域北部地理边界（主要在同心、海原境内）稍有变化。1998年，宁夏自治区政府在同心县北部的新庄集乡境内设立红寺堡开发区管委会，行使县级党委、人民政府的职能，属吴忠市管辖，主要作为海原、隆德、同心、泾源、彭阳、中宁及原州区的移民安置点。2009年，自治区政府又对海原县行政区划进行了调整，先后将海原县北部的兴仁镇、篙川乡划归中卫市沙坡头区管辖；徐套乡划归中宁县管辖。故几经区划调整后，广义的西海固区域面积有所减少。

考虑到区域乡村聚落及相关研究数据的可获取性和便利性，本书研究的西海固区域包括固原市所辖的四县一区和吴忠市的同心县、中卫市海原县，共计六县一区（图1-5），区域总人口199.6万。研究范围不包括吴忠市的盐池县和红寺堡区，这主要因为盐池县经济发展条件与人居环境条件相对西海固其他地区较好❷，而红寺堡区是宁夏最大的扬黄移民吊庄新灌区（自1998年起，主要作为宁夏南部山区的移民安置区），

---

❶ 2001年，宁夏进行行政区划调整，撤销固原地区和固原县，设立地级固原市，下辖原州区、西吉、隆德、彭阳、泾源四县一区，市人民政府驻新设立的原州区（即原固原县）。

❷ 2018年10月，盐池县在宁夏9个贫困县区中率先实现脱贫摘帽。

2009年经国务院正式批准成立，该地区得益于引黄灌溉工程，被称为荒漠中崛起的城镇，其生态环境及人居环境也远远好于西海固其他区县。故依据本研究的初衷，研究区域不包括上述两个县、区。

图1-4　广义西海固区域范围
资料来源：根据宁夏旧版行政区划绘制

图1-5　本研究中西海固区域范围
资料来源：根据宁夏新版行政区划绘制

## 1.2　研究目的与意义

### 1.2.1　研究目的

针对国内关于乡村聚落理论与实践研究极为欠缺等问题，结合当前西海固地区在国家一系列振兴战略部署下乡村建设和经济发展的迫切需要，本书基于人居环境学、乡村地理学、乡村社会学、文化人类学等多学科视角，从阐述西海固乡村聚落空间演进历程入手，系统分析聚落空间演进特征及影响因素；同时，基于典型聚落空间特征与存在的问题的解析，构建乡村聚落空间优化引导框架，探讨聚落空间优化策略。本研究主要有以下几方面研究目的：

（1）西海固地区自然环境恶劣、社会经济落后，乡村聚落分布极为分散，严重阻碍了聚落间的经济协作和区域公共设施的统一配置。因此，揭示影响西海固乡村聚落空间演进特征及影响因素，探究其发展演变的作用机制，为西海固乡村聚落空间优化奠定理论依据，是本书研究的目的之一。

（2）西海固村民农牧并重、多业并举的经济特征以及聚落生活与生产功能的复合特征，使得聚落内部空间结构松散、各功能混杂无序，人居环境恶劣，严重影响新时期村民的生活、生产活动组织，并阻碍聚落经济活动的良性发展。因此，通过解析西海固地区典型乡村聚落内部空间特征，归纳总结乡村聚落空间存在的问题，为西海固乡村聚落的更新改造和规划建设提供理论依据，也是本书研究的主要目的。

（3）西海固乡村经济社会快速转型的当下，乡村聚落传统格局和聚落历史传统风貌正面临弱化的趋势。因此，分析乡村聚落空间构成要素及其特征，探究传统聚落的原始本真空间形态，重塑乡村聚落空间景观，为保护和传承地区传统文化提供理论依据，是本书研究的重要目的。

（4）构建西海固乡村聚落空间优化引导框架，探究西海固乡村聚落空间优化途径。引导和规范该地区乡村聚落的空间发展，满足村民生产、生活需要，改善聚落人居环境，促进聚落经济发展，推动地区健康、可持续发展，是本书研究的终极目标。

## 1.2.2　研究意义

乡村社会的稳定与乡村政治、经济、社会与文化等高度关联，在一定程度上制约甚至决定了国家由传统社会向现代社会转型的进程和质量[11]。近年来，西海固地区社会经济的持续发展，在促进老百姓摆脱贫困、保障社会稳定发展和为乡村聚落注入活力的同时，也出现了诸多新的问题：乡村聚落产业结构的转型，亟需聚落内部空间结构作出积极响应，以促进聚落经济的良性发展；村民生产方式和生活需求的改变，亟须聚落功能结构作出相应调整，以满足村民生活幸福感和满足感的获得；面对现代文化的影响和渗透，乡村聚落传统文化景观亟待保护和传承。因此，在我国乡村聚落理论研究明显滞后与乡村聚落研究欠缺的背景下，本书研究具有以下理论研究意义和实践应用价值。

（1）理论研究意义

1）第二次世界大战结束以来，国际地理界与城市规划界存在严重的"城市中心偏向"，对乡村地域的研究与空间组织一直较为薄弱，这种学科发展境况实际上是乡村在整个社会经济体系中地位与价值的反映[12]。在我国，由于城镇化战略的实施和城市建设的需求，重城轻乡的思想重蹈国际对于聚落理论研究的覆辙，致使乡村聚落研究长期滞后于城市聚落研究。本研究则是立足于我国边远贫困地区，以研究乡村聚落空间演化发展、空间特征及影响机制为内容，试图构建引导西海固乡村聚落空间优化的理论体系框架，这对于乡村聚落空间规划理论研究的补充与完善具有重要意义。

2）国内外关于乡村聚落的研究大多集中在社会学、民族学、历史学等领域，地理学和城市规划领域的研究可谓凤毛麟角。乡村聚落在物质形态层面所蕴含和需传承的文化没有被深入认知和挖掘，致使在城镇化浪潮冲击的今天，乡村聚落有别于一般聚落的景观特点和文化内涵没有被很好地保护和继承，淹没在"千城一面"、"万村一貌"的规划建设和改造中。本研究基于城乡规划着眼于乡村聚落空间的研究特点，探寻满足村民生活、生产需求、有效传承地方文化的空间优化模式，对拓宽新时期乡村人居环境理论研究具有重要意义。

（2）实践应用价值

西海固乡村聚落的经济发展直接关系到该地区乃至宁夏整体经济水平的提高以及宁夏社会的稳定和谐。在新的经济、社会发展背景中，西海固乡村聚落的研究意义与价值正在被重新认识，通过对典型乡村聚落空间特征的深刻剖析，探索乡村聚落空间优化对策，对改善乡村聚落人居环境、促进聚落经济发展和传承地方文化具有重要的现实意义。故本研究的实践意义主要有以下几点：

1）西海固地区乡村聚落的分散化与小型化既不利于聚落公共设施配置的经济性和效益性，也不利于聚落间的经济协作和交流，严重影响乡村聚落的发展。因此，如何将区域公共设施合理配置、乡村聚落产业功能整合与区域乡村聚落体系空间组织相结合是解决问题的关键。本文基于区域整体发展和城乡统筹发展思想，结合实证研究区域的具体分析，从区域层面优化乡村聚落体系，对提升该地区公共服务功能，改善村庄人居环境；整合该地区产业功能，促进地区经济增长，对推动西海固这一贫困地区的发展具有重要的实践指导价值。

2）受国家和地方诸多政策的惠及，西海固当前广泛开展的美丽乡村建设，仅仅停留在村庄环境整治、"穿衣戴帽"（粉刷外墙、修葺屋顶）、建沼气池等"一刀切"工程层面，并没有从实际出发，综合考虑乡村聚落产业转型、人们生活诉求以及村民生产生活行为特征。故本书基于人居环境学、乡村地理学、乡村社会学等多学科交叉视角，探寻符合村民生活生产行为路径的空间优化模式，提出切实可行的人居环境改造方案，这对西海固地区当前如火如荼进行的村庄整治规划和美丽乡村建设具有重要的实践指导价值。

3）探究西海固乡村聚落空间构成要素及其特征，挖掘西海固乡村聚落文化景观特征，从表象到内涵、从形式到内容，提出有利于地方文化保护和传承的空间发展模式，应用于当前西海固乡村聚落的建设和改造中。

## 1.3 研究内容与方法

### 1.3.1 研究内容

本书以自然环境严酷、社会经济落后、人地关系复杂的西海固为研究区域，在分析西海固乡村聚落空间结构演进特征的基础上，以典型乡村聚落为实证案例，深入剖析乡村聚落内部空间结构特征及问题，尝试构建西海固乡村聚落空间优化引导框架，提出西海固乡村聚落空间优化的具体措施。具体研究内容如下：

（1）西海固乡村聚落空间结构演进过程、特征及影响因素分析

基于历史文献、现场踏勘、GIS 空间计量分析等方法，分析西海固乡村聚落空间分布、功能结构、空间结构、空间形态的演变过程，总结其演变特征，并深入分析影响其演变的因素及驱动机制。

（2）西海固乡村聚落空间特征分析与问题判识

分析西海固乡村聚落空间构成要素，通过类型化研究，选取典型案例，深入剖析西海固村民生活、生产活动行为路径与乡村聚落的空间特征，归纳总结乡村聚落空间存在的问题。

（3）西海固乡村聚落空间优化引导框架的构建

按照"满足村民生产生活需要，改善聚落人居环境，促进地方经济增长，实现区域可持续发展"的聚落空间优化初衷，根据聚落空间结构内涵、聚落空间研究内容构成和西海固地域及乡村聚落现状特征，构建西海固乡村聚落空间优化引导框架。

（4）西海固乡村聚落空间优化策略

从聚落体系和聚落单体两个层面分别提出西海固乡村聚落空间优化策略。在区域聚落体系层面，提出乡村人口空间转移模式、聚落体系空间组织形式、聚落体系产业职能、服务职能优化模式以及聚落空间尺度参数取值。在聚落单体层面，对不同主导产业类型的乡村聚落提出功能结构整合模式；根据乡村聚落基本类型，提出相应的空间布局优化模式及聚落规模控制参数。

### 1.3.2 研究方法

本书力求通过历史归纳与逻辑演绎的方法再现西海固地区乡村聚落的形成和发展经过；通过文献梳理和田野调查的方法，掌握西海固乡村聚落空间结构特征，探寻西海固乡村聚落空间优化模式。同时，为使论述更加科学、严谨，本书还采用层次分析法、主成分分析法等统计分析方法以及 GIS 等空间计量分析方法，使定性研究与定量研究相结合。

（1）文献分析与田野调查相结合

乡村聚落是个复杂的人工系统，涉及社会、经济、生态、制度等各个方面，如何在众多研究理论的基础上确定西海固乡村聚落空间研究的切入点，是本文理论研究和体系构建的关键。文献分析法是梳理和总结相关研究的最直接、最基本的方法。本文通过广泛收集相关文献资料，总结国内外关于乡村聚落和乡村聚落的研究视角、研究内容、研究体系、研究结论等内容，为西海固乡村聚落理论研究做好准备工作。另外，现场踏勘是城乡规划专业基本的工作方式，正如费孝通先生所说："要想找到解决问题的办法，就是要回到现实生活中去，扎扎实实地做实地调查。"[13]，所以，以本专业调查研究的基本工作方法，并借鉴社会学和人类学研究的田野调查方法，通过实地考察、问卷访谈、社会参与等方式对西海固各区县进行实地考察，选取不同类型的典型乡村聚落进行重点调研，深入了解乡村聚落空间特征，掌握研究所需的第一手资料。

（2）定性分析与定量研究相结合

在定性分析的基础上，运用数学模型或层次分析法、主成分分析法等统计分析方法对影响乡村聚落空间结构演进的因素进行定量分析。并运用 ArcGIS 的空间统计和分析的方法解析西海固乡村聚落空间分布特征与西海固人居环境适宜性评价，用图示语言直观表达研究结果。

（3）理论研究与实证分析相结合

查阅乡村聚落研究的理论基础，运用相关理论对西海固典型乡村聚落进行实证分析，总结该地区乡村聚落空间特征，并尝试构建西海固乡村聚落空间优化引导框架，并再次反馈于实证分析中，探寻乡村空间优化途径和模式。

（4）多学科交叉分析法

运用人居环境学、城乡规划学、乡村地理学、乡村社会学、文化人类学等多学科交叉分析方法，系统研究西海固乡村聚落空间存在的问题与优化途径。

## 1.4 研究框架

本书研究框架与基本思路如图 1-6 所示。

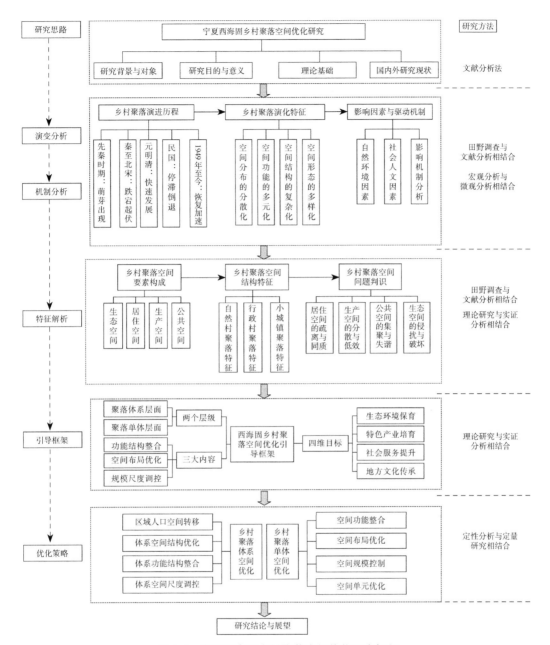

**图 1-6　宁夏西海固乡村聚落空间优化研究框架**

资料来源：作者绘制

# 2 基础理论与研究综述

## 2.1 基础理论

乡村聚落是乡村人口居住和生产生活的场所，乡村聚落空间结构则是乡村各种社会经济活动在乡村地域空间上的投影，其研究涉及环境科学、地理学、社会学、建筑学、历史学等诸多学科，故只有从多维度视角和多学科交叉分析着手才能对乡村聚落空间结构做到深入透彻的认识。故人居环境学、乡村聚落地理学、乡村社会学及文化人类学等学科理论的交叉和研究方法的借鉴是研究西海固乡村聚落的理论基础。

### 2.1.1 人居环境学理论

从历史发展进程看，人居环境学理论是伴随工业革命的发生、城市现代化发展以及人类对环境认识的逐步深入，经历了一个由片面到全面、由简单到综合的发展过程[14]。工业文明以前所未有的威力推动城市快速发展的同时，也给城市带来了住房短缺、交通拥堵、空气污染和生态恶化等诸多城市问题。从 19 世纪末起，城市规划学的先驱们就探索了改善人类居住环境的理论，继三位现代人本主义大师——埃比尼泽·霍华德（1898 年）、帕特里克·盖迪斯（1915 年）、刘易斯·芒福德（1938年）提出的"田园城市"、"生态城市"及区域城市理论后，更多的学者开始关注人类居住环境的研究，试图为人类创造一个自然而适合居住的城市环境。"人类聚居学"（EKISTICS：The Science of Human Settlements）便是在这一背景下，由希腊建筑师道萨迪亚斯（C.A.Doxiadis）于 20 世纪 50 年代提出，随后便发展为"人居环境科学"（The Sciences of Human Settlements）。

道氏"人类聚居学"的研究内容包括三个方面：第一方面，是对人类聚居基本情况的研究，包括对人类聚居进行静态的和动态的分析，并研究"聚居病理学"和"聚居诊断学"。所谓静态的分析，就是分析人类聚居的基本类型、数量和规模，并对聚居进行具体解剖，分析聚居与聚居之间相互的结合关系，即分析聚居系统的结构。所谓动态分析就是研究人类聚居从古到今的进化发展过程，了解聚居各个发展阶段的不同特点。研究聚居的病理和诊断，则是分析聚居中出现的各种问题以及产生这些问题的原因和影响因素，并研究如何找出解决问题的途径。第二方面，是对人类聚居学基本理论的研究，找出人类聚居内在的规律，以指导人类聚居的建设。这部分工作包括提出人类聚居的基本定理，在此基础上进行基本理论的探讨：包括人类需要研究、聚居成因研究、聚居结构和形式的研究等。最后，根据基本理论，探讨对人类聚居进行综合研究的方法。第三方面，制定人类聚居学建设的行动步骤、计划、方针，即进行对策和决策研究。这是应用前两部分的工作成果，对聚居的未来作出展望，明确聚居的发展趋势，明确聚居发展中哪些是必然的，哪些是应当加以限制或克服的，进而制定出正确的方针和政策[15]。

我国关于人居环境科学理论的探索源自吴良镛院士在道氏理论的启发下于 1989 年著述的《广义建筑学》，1993 年，吴良镛院士在中国科学院技术科学部大会上首次正式提出建立中国"人居环境科学"理论体系的设想。他指出人居环境科学是一门以包括乡村、集镇、城市等在内的所有人类聚居为研究对象的科学。它着重研究人与环境之间的相互关系，并强调把人类聚居作为一个整体，从政治、社会、文化、技术各个方面，全面地、系统地、综合地加以研究[16]。其理论的科学性体现在系统性、层次性和整体性三个方面。首先，吴良镛院士提出人居环境由自然、人类、社会、居住和支撑系统五大系统构成。其次，人居环境在规模和级别上还可以划分为全球，国家和区域，城市，社区和建筑五大层次。最后，要想各层面上达到良好的人居环境，则需要构成人居环境的五大系统实现整体的完满，这就需要生态、经济、科技、社会和文化五大原则来保障（图 2-1）[17]。

人居环境学为西海固乡村聚落

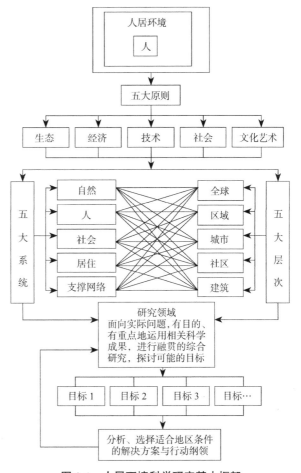

**图 2-1　人居环境科学研究基本框架**

资料来源：吴良镛. 人居环境科学导论 [M]. 北京：中国建筑工业出版社，2001.

研究内容阐明了方向。西海固乡村聚落面临的生态环境脆弱、经济发展滞后、建设资源匮乏、空间分布离散、社会结构复杂等问题，恰恰是聚落人居环境的自然、人、支撑、居住、社会五大系统没有协同发展所致，故应用人居环境学理论的指导，探索西海固乡村聚落空间优化模式，最终实现改善人居环境的目标。

## 2.1.2　聚落地理学理论

聚落地理学是研究聚落（居民点）的形成、发展、分布和形态变化规律及其与地理环境相互关系的学科[18]。聚落地理学分为乡村聚落地理学和城市地理学两大部分，第二次世界大战结束后，城市的迅猛发展以及学术界"城市研究"的倾向，使城市地理学发展较快，逐渐形成一门独立学科。尽管聚落地理学包含两大部分的概念没有消失，但实际上不少地理学家已经把聚落地理学看作是乡村聚落地理学的同义语。在1954年出版的极具影响力的《美国地理学的成就与展望》一书中，其第5章聚落地理就只包括乡村聚落地理研究。聚落地理学研究内容主要包括以下几方面：①不同地区聚落的起源和发展。②聚落所在地的地理条件。③聚落的分布。揭示聚落水平分布和垂直分布的特征并分析其产生的自然、历史、社会和经济原因。④聚落的形态。涉及的内容有聚落组成要素，聚落个体的平面形态，聚落的分布形态，聚落形态的演变，自然地理因素（主要是地形和气候）以及人文因素（包括历史、民族、人口、交通、产业）对聚落形态的影响。⑤聚落的内部结构。分析聚落经济活动对聚落内部结构的影响，具体研究不同环境条件下聚落内部的组成要素和布局。⑥聚落的分类。通常是按经济活动（或职能）和形态两大属性来划分聚落类型[19]。

聚落地理学的研究内容及方法对本文研究西海固乡村聚落空间都有着重要的借鉴作用。在区域层面，运用地图和遥感资料分析乡村聚落的分布及区域人居环境评价，而在微观层面，运用GIS空间技术和数学模型等方法分析聚落空间结构特征及问题，从而为乡村聚落空间优化对策的提出打下基础。

## 2.1.3　乡村社会学理论

人类聚居本身就是一种社会现象，一定群体依靠一定社会组织聚集在一起。聚落空间除了受一定地域自然环境的影响外，还深受聚落内部社会关系及社会组织秩序的影响。首先，社会的发展和变化是通过人的活动实现的，而人与人之间的社会关系体现在乡村聚落空间层面则表现为以血缘关系为纽带的聚族而居特征；其次，社会生产是人类改造自然界的活动，是人类为了生产物质资料而结成的生产关系，生产的社会行为组织在乡村聚落空间层面则表现为山、水、林、田、舍的空间层次。所以，乡村聚落蕴含着乡村社会文化、生活的方方面面。

乡村社会学属于社会学领域内的专业学科，是社会学的一个分支，该学科最早出现于美国，大约在 20 世纪 40 年代前后，其研究对象主要围绕与历史上传统生活方式接近的乡村社区，早期国外乡村社会学主要研究内容涉及乡村社会的社会组织及其分支系统、乡村社会与其他社会之间的相互关系（特别是城市地域社会要素）。20 世纪60 年代逐渐强调技术创新的采用与扩散，主体内容包含研究乡村性这一独立的变量、乡村社会的比较研究、乡村社会作为分析有关特定现象的环境研究以及社会变迁的社会问题研究等四大方面。

乡村聚落是人类社会生活生产的早期空间形态，社会变迁的历史进程贯穿了整个乡村社会发展过程中，家庭、职业、社区及各种组织均在发生着改变，乡村社会系统的结构和功能也发生着更替变化。美国社会学者系统地考察了乡村社会变迁的七个主要方面：农业生产能力与农民数量之间的关系；农业和非农业部门联系性强化趋势；农业生产中的专业化趋势；城市和乡村价值观的趋同性；大众传播工具和交通方式的改善导致地方群体重组，使乡村更加开放；乡村社会体系中的集权化现象；初级关系与次级关系的重要性此消彼长。中国是个农业大国，农村量大面广，且农村问题具有综合性、地域性等特征，传统农村社会的关系组织对于研究乡村聚落至关重要。早在 20 世纪初，社会学已从西方引入我国，到 30 年代，中国的社会调查活动已非常盛行，研究成果也很丰硕，特别是对农村地区的调查，尤以费孝通先生的乡村社会调查最为著名。费孝通先生在对吴江县庙港乡开弦弓村进行深入调查的基础上撰写了《江村经济——中国农民的生活》一书，无论是对乡村社会学的理论建树，还是对中国基层乡村社会的现象认知，均有深远的影响。但作为一门学科加以发展，此时的乡村社会学尚未起步，中华人民共和国成立以后很长一段时间，社会学在我国出现了停滞状态，直到 1979 年以来重建社会学，乡村社会学才逐渐蓬勃发展起来[20]。尤其是改革开放后，乡村聚落政策、乡村发展问题、乡村景观、城乡关系、乡村重构、农村经济发展与社会文化传承关系、农民在新的生活生产活动中的角色定位和在村庄人居环境建设中的角色转型、农业社会向多元化产业协调发展社会的变迁机制等乡村社会问题得到研究与探讨，研究的内容更为广泛、具体和深入，而这些方面的研究内容对于正在快速发展中的少数民族聚落的空间研究而言，无疑提供了有章可循、有理可依的途径。

乡村聚落空间研究与乡村社会学密切相关，乡村聚落"宅墙毗连"的空间结构正是其"出入相友、守望相助"的乡村社会组织结构的外在体现。所以，本文将聚落物质空间与乡村社会结构相关联，使乡村聚落空间优化模式能识、可读、易辨。另外，对乡村聚落空间研究的资料收集和现状调查更是借鉴了乡村社会学的访谈法、问卷法、社会观察法和社会实验法以及案例调查和典型调查等方法。

### 2.1.4 文化人类学理论

文化人类学是人类学的主要分支之一，由美国学者霍姆斯（William Henry Holmes）于1901年首次提出。后由西方众多学者发展成为众多学派的理论，但总的来说，文化人类学研究的目的是解释人类文化的异同，探求人类文化发展的共同规律，特别是与人类生存密切相关的三种关系：①人与自然的关系，尤其是涉及生计、工艺和物质文化的关系。②人们之间的关系，尤其是涉及社会制度、组织、习俗和社会文化的关系。③人与自身心理的关系，特别是涉及知识、思想、信仰、态度、行为和精神文化的关系[21]。

乡村聚落的空间属性研究与文化人类学理论、方法有密切关系，比如，文化人类学是关于某一族群的起源发展、习俗、宗教、语言、经济等问题研究[22]，而了解乡村村民生活习惯、生产行为和民风习俗等问题后，就不难理解乡村社会组织形式影响下产生的"聚族而居"的聚落空间形态；另外，文化人类学关于某种文化的发生、形成与生态环境的关系，各个文化事务的内在关联等[22]，同样不难理解村民的人文性格、经济特征和文化风俗的表达方式等；而文化人类学强调的田野调查方法更是认识乡村聚落空间结构不可或缺的重要手段之一。所以通过文化人类学理论与方法解析，将乡村社会组织形式和乡村聚落空间优化模式结合起来，创造出真正适合村民生活生产活动的规划模式。

## 2.2 研究综述

### 2.2.1 国外乡村聚落研究综述

国外关于乡村聚落空间研究的起步较早且研究领域也十分广泛。从19世纪40年代起，研究历程经历了萌芽起步、初步发展、拓展变革和转型重构四个阶段。在研究视角上从自然要素向经济社会要素转变；在研究内容上从以乡村聚落物质实体为主向人类生存环境和社会问题综合研究转变；在研究方法上从以定性为主向定量和定性相结合转变再到多学科综合研究；在研究范式上从空间分析逐渐向社会和人文方向转变，经历了一个从简单到复杂、从单一到综合的阶梯式演进过程[23]。其主要研究内容有：

（1）乡村聚落分类与形态研究

乡村聚落分类是对聚落进行比较研究，概括出若干种类，对聚落认同辨异，识别各聚落的基本特征，以便为行政管理和城乡规划提供参考依据。鉴于聚落各自的起源、历史发展、地理条件、形态结构以及职能等特征差异较大，要包罗万象，制定一个全面的分类系统，理论上不易解决，故国外聚落地理学术界通常从特定的需要出发，选择其中的一项或几项特征为基础，拟定适当的指标对乡村聚落作出分类，其中，以职能或形态特征进行划分居多。

在乡村聚落的类型与形态研究方面，以梅村（A.Meitzen）关于德国聚落和农业关系的研究为标志，梅村划分了德国北部的农业聚落形态。其后，划分乡村聚落类型大多使用聚落空间形态作为标准。此外，克里斯塔勒（W.Christaller）把村庄划分为不规则的群集和规则的群集两种类型，规则的群集村庄又分为街道村庄、线形村庄、庄园村庄等类型。罗伯特（B.Roberts）根据乡村聚落的形状、规则度及开阔地的有无提出了乡村分类计划。国际地理联合会曾提出了包括功能、形态位置、起源及未来发展四个基本标准的乡村聚落一般类型的划分方法，使乡村聚落分类研究的理念有了突破性发展，弥补了以往乡村聚落分类指标体系设计的不足。希尔（M. Hill）则归纳出规则型、随机型、集聚型、线型、低密度型和高密度型六种国外乡村聚落的空间分布类型。此外，美国乡村聚落地理的研究还广泛利用了行为科学的成果，强调人类决策对改变聚落分布、形态和结构的作用[23]。

（2）乡村聚落空间地域组织的研究

随着中心地理论、扩散理论以及有关区域科学理论的深入，乡村聚落空间地域组织特征的研究成为外国乡村聚落研究界关注的重心。21世纪初德国地理学家施吕特（O.Schluter）认为研究整个聚落空间网络比研究单个城镇或村庄的意义更大。克里斯泰勒在聚落空间地域组织研究的重要理论则是"中心地理论"，此理论指明聚落作为一个地域体系的整体，存在着级别或层次，级别层次愈高，其职能愈复杂，中心性愈强，受其影响的聚落数量愈多，腹地也愈广等，乡村聚落处于最低层次。克里斯泰勒还指出各聚落不是孤立存在的，而是有机地结合成为一个区域关联体系。除此之外，拜鲁德（E.Bylund）在对瑞典聚落中心研究基础上提出了聚落扩散的六个假设模式。由于乡村聚落的形态和分布具有很强的变动性，因此有人指出"脱离具体文化和工业发展技术关系的一般空间组织法则是没有意义的"，"乡村聚落模式是他们所拥有地区的产品"[18]。

（3）生态村落的研究

第二次世界大战后，一些国家随着经济的恢复和快速发展，城市化进程加快，大批乡村人口不断向城市和周边地区迁移和集中。与此同时，许多农村地区因人口的大批流失和人口高龄化的加剧而出现了衰落景象。为了振兴传统农村地区，促进城乡一体化的发展，同时，也为了给城市居民创造一个亲近大自然的环境，在全球生态村运动的影响下，一些学者进行了针对农村地区生态村的探讨。日本学者 Takeuchi 认为"生态村"是"一个自我支持区域"，在这个区域中，基于环保技术的支持，在维持一个良好经济系统的同时，也能保护好半自然的环境系统。根据日本农村地区受城市影响的不同，Takeuchi 设计了三种生态村模式：①大城市边缘区生态村模式；②典型农业区生态村模式；③偏远山区生态村模式。不同生态村模式的建立为日本农村地区可持续社区和聚落的发展提供了指导[24]。

1978 年，澳大利亚生态学家 Mollison 及其学生 Holmgren 提出"永恒文化村（Permaculture）"的概念（由"Permanent Agriculture"或"Permanent Culture"缩写而成）[25]。旨在建立一个生态型人居环境（Ecological Human Habitat）和食物生产系统，以寻求可持续的土地利用方式。强调将节能建筑、废水处理、物质循环利用、保护土壤环境和促进社会经济发展作为生态聚落建设目标。1991 年，丹麦学者 Gilman 正式提出"生态村（Eco-Village）"的概念[26]："一个以人类为尺度的全特征的聚落。在聚落内，人类的活动不损坏自然环境并融入自然环境，支持健康的人文发展且能持续发展到未知的未来"。"以人类为尺度"是指生态村的规模不宜过大，村子里的所有人都彼此认识，社区里的所有成员都感觉到他（她）能够影响社区的发展。而"全特征"就是聚落的所有主要功能（包括居住、食品供应、制造、休闲、社会生活和商业等）都完整齐全，并协调一致。"健康的人文发展"则是人生活的各个方面都得到综合平衡的发展，即人的身体、感情、智力和精神均得到全面发展。目前，生态村运动已在欧洲许多国家（如丹麦、英国、挪威、德国等）展开，并在其他国家开始出现（美国、澳大利亚、印度、阿根廷和以色列等）。总体而言，在发达国家，人们创建生态村的目的有三个：物质生活的生态化，精神生活的宗教化，人际关系的社会化。而在发展中国家，生态村建设的目的：一是维持和重建可持续的农村社区，包括创造就业机会，减缓而非停止城市化，二是为了更好地吸引人们在大城市周围可持续的生态村定居。而且，西方的生态村运动更多的表现出一种社会思潮，所追求的是一种理想的生活模式[27]。

## 2.2.2  国内乡村聚落研究综述

国内关于乡村聚落空间研究相对而言，起步较晚，其研究内容主要集中在乡村聚落空间结构内涵研究、乡村聚落发展问题研究、乡村聚落人地关系研究等方面。

（1）乡村聚落空间结构内涵研究

国内关于乡村聚落空间结构的研究主要集中在其含义、乡村聚落空间分布特征、乡村聚落空间结构演变及动力机制、乡村聚落景观格局等内容。范少言（1995）[10]认为，乡村聚落空间结构是指农业地域中居民点的组织构成和变化移动中的特点，以及村庄分布、农业土地利用和网络组织构成的空间形态及其构成要素间的数量关系，是在特定的生产力水平下，人类认识自然和利用自然的活动及其分布的综合反映，是乡村经济社会文化过程综合作用的结果。其构成要素包括村庄的地域结构、社会结构、产业结构、土地利用结构和文化结构等。乡村聚落空间结构可以从区域、群体、单体三个层次进行研究。郭晓东（2012）[7]也认为聚落空间结构是一个具有广泛内涵与外延的概念。狭义的聚落空间结构概念一般指聚落内部的空间结构，广义聚落空间结构的概念除了包含聚落内部空间结构之外，还包括聚落体系空间结构。

中国乡村聚落空间结构演变与乡村经济社会发展密切相关。尤其是改革开放以来，随着工业化和城镇化的发展，农村掀起了一片建房热潮，原有村落面貌发生了很大的变化，引发了乡村聚落空间结构的演变和重构。范少言（1995）[10]认为农业生产新技术、新方法的应用和乡村居民对生活质量的追求是导致乡村聚落空间结构变化的根本原因。冯文勇（2003）[28]在对晋中平原农村聚落分析的基础上，指出人口的增长和家庭规模小型化、社会经济发展与收入增加促进了住房需求量的增加、农村乡镇工业和第三产业的发展以及交通线路的选线等因素都会造成乡村空间结构的演变。

近些年来，借助 RS 和 GIS 技术，量化分析使乡村聚落空间分布、景观格局等研究结果更加精准、科学，有力地促进了此类研究的进展。梁会民等（2001）[29]对董志塬居民点分布研究得出地貌条件的均一性决定了居民点空间布局的随机性。胡志斌等（2006）对岷江上游居民点进行了分析，表明居民点主要集中在河流与道路的两侧，居民点分布与海拔存在一种非线性的关系。王成等（2001）[30]以河北省阜平县的 5 条河流主流河谷为案例，分析了河谷内居民点的斑块特征和分布格局，表明河谷内的居民点位置基本是在河谷向阳一侧靠近坡脚的地方。角媛梅（2003）以张掖绿洲居民地为研究对象，用 GIS 计算了形状指数、景观类型空间邻近指数、最近距离以及居民地的耕作半径，对居民地的空间格局特征进行了分析[31]……众多研究结果表明，乡村聚落空间分布普遍存在近水亲路的特征，除此之外，低海拔和低坡度分布特征也较显著，这也反映出人类在适应自然环境约束时所作出的积极应对。

环境景观领域的聚落研究，一方面以定性的方式探索聚落的景观构成，如彭一刚从自然、社会、美学等角度论述了传统村镇聚落的形成过程以及景观差异，认为聚落的形态美不仅源于其朴素的自然美，更在于和居民的日常生活保持着紧密的联系[32]。另一方面通过与生态学的交叉，在景观生态学视野下进行定量研究，如刘沛林致力于 GIS 手段下的聚落景观基因的研究[33]。

（2）乡村聚落发展问题及空间整合研究

改革开放以来，我国城市化快速推进，城市空间的迅速扩张给周边乡村聚落空间带来一系列的影响。城乡一体化、农村城市化改变了乡村原有的景观风貌，伴随着乡村生产要素和社会要素的分化和重组，空间矛盾越来越突出，乡村聚落空间转型面临着城乡差距扩大、乡村工业化引致城市分散化、村庄空废化趋向、村庄建设分散无序、日益严重的资源环境压力等结构和空间问题[34]。乡村聚落空间整合研究也因此成为国内学者高度关注的热点之一。研究的内容也主要集中在基本概念、影响因素、动力机制、整合模式和整合措施等几个方面[35]。如雷振东就乡村聚落空废式发展现象特点的分析归结，提出了它的概念，总结了乡村空废化问题量化分析的基本模型[36]。冯文勇对农村空心化进行研究得出其产生因素主要有人口和家庭因素、社会经济与收入、交通条件、制度因素和文化因素等[37]。众多学者也对乡村聚落空间整合模式提出讨论，如曹恒德（2007）[38]等根据未来人口迁移及其引起的空间变化，将苏南农村居住演化整合模式划分为四种模式：居住向产业集聚场所转移的异地城市社区模式、城市边缘的乡村居民点的就地城市社区模式、周边居民点向某个居民点集中的"就近并点"乡村社区模式、乡村居民点整体迁移的"迁弃归并"乡村社区模式。范少言等（1995）[10]根据距离城市远近、自然环境压力大小、承载地域文化厚薄和村庄经济实力强弱将城镇密集地区新农村建设划分为保护型农村、发展型农村、综合型农村、外迁型农村及整治型农村五种类型。

（3）乡村聚落生态与乡村聚落人地关系研究

生态环境是乡村聚落存在和人类社会发展的基础，聚落不停地与外界生态环境进行着物质和能量交换，从而维持聚落生存和人口繁衍。乡村聚落从环境汲取的物质能量是有一定限度的，如果人类索取超过其阈值，就会导致环境支持系统的崩溃。因此，在人地矛盾突出的地区，研究乡村聚落生态及其运行机制具有重要意义。目前，中国对乡村聚落生态的研究主要集中在为促进庭院经济发展、改善乡村生产和生活环境而开展的"农村庭院生态系统"和"村落生态系统"的研究，以及提高自然资源利用效率、改善人居环境和"村级生态农业系统"和"生态村"的研究，对人文环境与聚落生态之间的相互关系缺乏研究[39]。赵之枫（2004）[40]针对新乡村建设中面临的人地关系协调发展问题，运用建筑学和人文地理学的相关理论，从人地观念、聚落建设、技术措施等方面综合分析了乡村聚落人地关系演化历程，认为在采集狩猎社会、农业社会、工业社会和信息社会，乡村聚落的人地关系演变呈现出依附自然、干预—顺应自然、干预自然、回归自然的人地互动关系的发展历程。故在人地矛盾突出的乡村地区，必须强调聚居活动对自然环境的尊重，改善人居生态环境，这是乡村聚落可持续发展的根本保障。

此外，我国是个多民族国家，少数民族聚居地区往往也是宗教氛围浓郁的地区，宗教信仰对聚落空间影响较大，如刘沛林等（2010）[41]关于中国少数民族传统聚落景观特征及其基因分析；杨林平（2012）[42]对甘南藏区乡村聚落公共空间特征研究；马少春（2003）[43]对云南洱海地区乡村聚落演变与优化进行了研究；郦大方（2013）[44]对西南山地少数民族地区乡村聚落进行了研究；段德罡（2014）[45]对甘南卓尼藏族聚落空间调查研究；成亮（2016）[46]对甘南藏区乡村聚落空间模式研究。这些对西海固乡村聚落空间结构的研究都有着重要的启示和借鉴作用。

### 2.2.3 西海固乡村聚落研究综述

燕宁娜博士（2016）[47]将西海固地区乡村聚落的空间结构形式总结为集聚组团形、带状一字形、核心放射形和串珠自由形。并指出必须挖掘与整理应对该地区资源、自然条件的生态文化理念并应用于聚落营建中，才是解决该地区现阶段人居环境矛盾与问题的有效途径。

另外，以冯健博士为核心的研究团队在"国家'十二五'科技支撑计划课题"的资助下，对西吉县乡村聚落空心村整治规划以及村庄整治规划中的多主体参与的"自下而上"的优化模式进行了研究。指出西吉县农村的"空心化"现象体现在大量农村聚落人口外出务工、房屋和宅基地闲置、村内基础设施建设滞后而无法满足村民需求等多个方面。提出西吉县村庄整治规划应重点解决三个问题，即改善住房条件、完善公共设施配套（尤其是养老和教育设施）、产业培育和就业岗位提供[48]。而且，自来水设施、道路交通和垃圾收集等问题的解决是村民生活的迫切诉求[49]。

### 2.2.4 既往研究述评

（1）既往研究特点及不足

1）国内有关乡村聚落研究存在研究区域尺度较大、研究区域对象不平衡等特点与不足。

现有文献中以大区域尺度（一般以省为单位）的乡村聚落研究为主，而中观乡村聚落群体,微观乡村聚落内部空间结构研究较少,这在一定程度上影响了农村聚居现象、过程及形态背后涵盖的自然地理本质特征与地域规律的深入挖掘，也不利于对我国不同地域环境下村庄整治建设与规划调控模式以及技术规范的探索[50]。

其次，案例区域多集中于东南沿海发达地区、西部山地、黄土高原等地，对于欠发达农牧过渡区的少数民族聚落相关研究较少。

2）有关聚落的研究表现出研究对象失衡和学科领域局限等特点与不足。

从国际到国内，从地理界到城乡规划界，长期存在的"重城市、轻农村"的研究倾向，致使乡村聚落的研究远远滞后于城市或城市聚落的研究。即使针对乡村聚落的研究，以城乡规划学、人居环境学、乡村地理学等学科交叉融合的研究也较少，这对于分布于我国贫穷落后地区广大的乡村聚落显然是个缺憾。在国家一系列有关农业改革和农村建设战略实施的当下，乡村聚落的规划、建设亟须一套行之有效的理论和实践体系予以指导，以改善乡村聚落人居环境和促进地方可持续发展。

3）关于西海固乡村聚落的研究主要集中在聚落产业发展模式、空心村整治规划、聚落空间结构演变特征等方面。没有真正构建一套完整的从理论到实践的系统性研究框架，对该地区乡村聚落生态、生产、生活空间的优化及地方文化的传承、保护提出具体的理论指引和实践指导。

（2）既往研究的启示

通过上述相关文献的梳理，对本研究的启示有以下几点：

1）区域乡村聚落空间的快速转型与重构，必定引起聚落单体空间结构的演变，二者紧密相关、相辅相成，从宏观聚落体系到微观聚落单体两个层面的深入研究，才能全面揭示西海固这一特殊人文、地理内涵背景中乡村聚落单体空间演变的本质。

2）城乡规划学、人居环境学、乡村地理学、乡村社会学等学科的介入是对乡村聚落研究的有益补充。另外，聚落作为文化的载体，地方文化的保护和传承需要在聚落规划建设中得以体现，尤其是因地区发展落后，地方文化免遭破坏的传统小城镇和村落，更是需要保护的研究对象，所以，在如火如荼进行农村整治规划的当下，城乡规划学等学科的介入正是增强乡村聚落规划、建设实效性和可操作性的重要力量。

## 2.3 本章小结

本章对人居环境学、乡村社会学、聚落地理学、文化人类学等相关理论研究进行了归纳总结，并对国内外乡村聚落和西海固乡村聚落的研究现状进行了梳理总结，得出以下结论：

第一，从国内外乡村聚落相关文献梳理中得出，乡村聚落作为地方文化的载体，其空间结构形态的演变直接关乎地方文化的发展趋向（是强化还是消亡）。其次，西海固特殊的自然环境与独特的地域文化孕育了集地域性与文化性于一体的乡村聚落空间，同时，也使得聚落空间研究更加复杂特殊。

第二，乡村聚落是个系统工程，乡村聚落空间优化涉及乡村内部社会结构、村民生产生活活动特征、风俗习惯等诸多问题，故运用人居环境学、乡村社会学、文化人类学、聚落地理学等学科理论系统研究，才能从本质上把握西海固乡村聚落空间存在的症结，并"对症"提出切实可行的优化对策。

# 3 西海固乡村聚落演化历程与空间演进特征

西海固乡村聚落的形成与发展无疑是人口在该地区流动与迁徙的结果，而且历史演进过程中的大事件，如元代蒙古军西征、清朝中后期西北回民起义以及当代生态移民工程的实施，都对西海固乡村聚落的发展与空间重构产生了重大影响。另外，随着区域社会经济的不断发展与城镇化进程的逐步推进，乡村聚落的空间功能、空间结构与空间形态不断演进变化。故本章在阐述西海固乡村聚落演化历程的基础上，揭示聚落空间演进特征，并剖析影响因素及驱动机制。

## 3.1 西海固乡村聚落演化历程

西海固历史悠久，乡村聚落的形成与发展经历了一个漫长的历史发展过程，是伴随人类在该地区出现、落居、繁衍而逐渐形成，并因战争、灾害、政策等因素不断演变与重组。其演化大致经历了五个时期：先秦时期：萌芽出现；秦至北宋：跌宕起伏；元明清：快速发展；民国时期：停滞倒退；中华人民共和国成立至今：恢复加速。

### 3.1.1 先秦时期：萌芽出现

据考古资料显示，在旧石器时代，西海固地区是个气候温暖，土质肥沃，雨量适中的地方，适宜人类繁衍生息。而在距今四五千年前的新石器时代，区域内（包括固原、隆德、西吉、海原等地）广泛分布着马家窑文化和齐家文化遗址。马家窑文化时期，居民还不会凿井取水，遗址多分布于河流两岸阶地阳坡，出土有用于耕作松土、收获和砍伐树木的石器，代表以农为主、狩猎为辅的生产方式[51]。

距今三千年前的铜器时代，西海固地区逐渐被以牧为主的"鬼戎"、"严允"、"义渠"等游牧部落占据，这些部落主要在乌水（今清水河）流域、六盘山东麓等地活动。除此之外，葫芦河、泾河等流域都有人类活动遗址，河谷地带，地势平坦，交通便利，水源丰沛，生活生产皆适宜。至春秋时代依然是"各分散居溪谷，自有君长"的散居状态。

### 3.1.2 秦至北宋：跌宕起伏

秦朝实行郡县制，在西北设立了北地郡，在今西海固地域范围内设立朝那县（今彭阳古城乡）和乌氏县（今泾源县瓦亭一带）。经济以牧业为主，农业也有所发展，郡县体制下的乡村居住形式作为制度化的产物被日渐普及和组织化起来[52]。至汉代，汉袭秦制，在宁南地区设安定郡，其治所在高平（即今固原市原州区）。根据《汉书·地理志》记载，安定郡下辖 21 县。据刘景纯推测，当时一县大约只有 10 ~ 30 里（村）的样子，也就是说，当时的西海固大约有 200 ~ 600 个村庄[52]。东汉时期，由于羌人起义，死伤无数，境内村落大多废弃，乡村人口锐减。魏晋南北朝时期，中原板荡，五胡内迁，"西北诸郡皆为戎居"，有鲜卑族万余人口陆续迁入清水河流域和六盘山地区，他们以游牧生活为主，以部落、种落为聚落，庐帐布野，村落荡然无几。唐朝是我国古代全盛时期，随着国力繁盛，西海固地区人口不断增长，村落遍布。据《元和郡县图志》记载，宁南属于泾原节度使，下辖原州（今原州区），管辖 4 县，其中平高（与原州同城）、百泉（今固原城东约 50 里古城乡）、萧关 3 县均分布在宁夏南部。总体而言，从秦汉至唐，村落逐渐成为宁夏南部地区主要的聚居形式，但村落规模不大，虽已建立村落组织体系，但一直不大稳固，《民国固原县志》说："汉唐以降，密迩羌狄，变乱迭兴，人民居处仍疏疏落落，飘摇不定。"[52] 而至北宋，宋夏长期对峙，宁夏南部处于"极边"，以军、城、寨、堡、关一套军政体制进行管理，军事堡寨星罗棋布。

### 3.1.3 元明清：快速发展

元代是西海固乡村聚落大发展时期。元初，宁夏作为国家西北边防要地，成吉思汗率领蒙古军西征，将大批中亚的阿拉伯人和波斯人签发或迁至中国境内。蒙古军征服西夏后，为镇守该地，大批被征服军被编入"西域亲军"、"探马赤军"。他们"上马则备战斗，下马则屯聚牧养"，以驻军屯牧的形式对西夏地区进行长期防御，并因此形成了许多村落。如固原市原州区彭堡镇的"撒门村"，该村名就被推测可能与元代自乌兹别克斯坦城市——撒马尔罕签发东来的中亚人有关[53]。另外，西吉县境内铁、巴等姓氏村民以及马达子、巴都沟等村民仍保留着蒙古遗风。与此同时，成吉思汗以固原地区六盘山、开城为重要的军事基地，这就使固原既是重要的镇戍，又是从西域进入中原地区的交通要道，驻扎大量"蒙古军"和"探马赤军"，落籍这一带的人口也越来越多。人们一边放牧，一边垦耕，在生活得以稳定保障的前提下，人口快速繁衍，乡村聚落的数量也呈快速增长态势。

明清时期，宁夏是国家的边防重地，其北部置宁夏镇，为九边重镇之一，属陕西都指挥使司；南部为固原州、静宁州（隆德县），属陕西布政使司[54]。明代的宁夏虽曾遭受过战争，也曾发生过人口迁移，但总体而言，乡村聚落是不断壮大的。当时的固原一带安置有大批"归附土达"与"土民"身份的人口，安置在大批军事卫所堡寨中。而至清代，清政府采取了"移民实边"和"借地养民"的开发政策，使汉族人口不断移入西海固地区。与此同时，清政府实施的"降低赋税，摊丁入亩"的政策。由于耕作业的发展，人头税的取消，使该地区人口增长迅速[55]，以往以军事防御为主的军事堡寨逐渐向民堡和村落演化。不但如此，围绕这些堡寨，散落的村庄也迅速成长[52]。

### 3.1.4 民国：停滞倒退

民国，西海固乡村聚落分布已非常分散，且规模不等。《民国固原县志》述其村落情况，"固原辖境辽阔，地广人稀。四乡中，有十余家为一村者，有三五家为一村者；甚至一家一村，而彼此相隔数里、十数里不等者"[56]。另外，由于长期的垦殖，西海固生态环境已经非常脆弱，人地关系十分紧张，自然灾害频发，发生在 1920 年 12 月 16 日 20 时 06 分的震惊中外的海原大地震，里氏震级达 8.5 级，当时的西海固经济文化十分落后，以崖窑、土坯拱窑为主的住宅，施工粗糙，抗震能力差，故死伤惨重，海原县全县人口死亡 73604 人，占县总人口 59%；固原县共死亡 36176 人，占县总人口 45%；隆德县死亡 21732 人，占县总人口 36%……除此之外，地震后滑坡、火灾、暴雪等次生灾害频发，且余震持续数年。据记载，有 27 万人在这场劫难中丧身，无数村庄荡然无存。

另外，民国 18 年（1929 年）的年馑造成的大饥荒，又是西海固近代史上一大灾难。持续的大旱，使得田地颗粒无收，饥馑连年，饿殍遍地。同时，土匪蜂起，为防匪患，各地富有大户，打筑堡寨。故在民国时期，堡寨林立，固原黑城祁家堡子修建时，有外城和水壕，可容纳两三千人。堡寨四周则散布着村落，大大小小的堡寨遍布西海固地区，至今还可看到许多遗迹。

### 3.1.5 中华人民共和国成立至今：恢复加速

中华人民共和国成立后，特别是 1958 年宁夏回族自治区成立之后，国家相关政策的倾斜，使西海固地区人口得到了较快的发展，乡村聚落数量也不断快速增长（表 3-1）。这一时期乡村聚落发展可以划分为三个阶段，1949 ~ 1958 年，行政区划主导下的乡村聚落陡增时期。由于行政区划的变动（西海固地区由甘肃划归宁夏）以及宁夏回族自治区的成立，西海固乡村人口从 51.2 万人陡增至 79.7 万人。1959 ~ 1982 年，自然增长因素主导下的乡村聚落增长时期。一方面，中国传统的传宗接代思想促使人们多生育，另外，广种薄收的经营现状，使人们迫于生计需要众多劳力耕种，所以，人口自然增长居高不下，乡村聚落快速增长。1983 年至今是行政政策干预下的乡村聚落

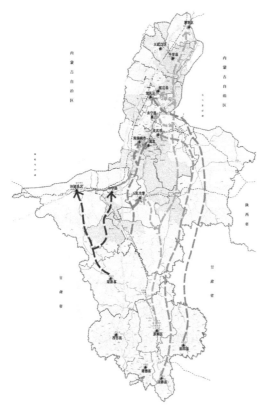

图 3-1　宁夏西海固地区生态移民迁移路线图

资料来源：李晓玲. 宁夏沿黄城市带回族新型住区空间布局适应性研究 [M]. 北京：中国建筑工业出版社，2014.

空间重构时期。这一时期，中央政府把西海固地区列为国家"三西"扶贫计划，先后组织实施了吊庄移民、扶贫扬黄灌溉工程移民、易地扶贫搬迁移民等工程。宁夏南部山区人口逐步向北部川区流动、转移的同时，乡村聚落空间分布格局也发生了显著的变化。进入新世纪，这一变化更为显著，仅"十一五"期间，宁夏西海固地区共有 16.08 万人实施了生态移民（图3-1），其中原州区、同心县、海原县、西吉共 26 个乡镇，163 个行政村的近 8 万村民搬至宁夏北部川区；2011 年起的"十二五"期间，宁夏政府进一步加大移民工程力度，涉及原州、西吉、隆德、泾源、彭阳、同心、盐池、海原、沙坡头 9 个县（区），90 个乡镇，684 个行政村，1655 个自然村。截至 2014 年末，已累计建设移民安置区 160 个，全区共完成移民搬迁 6.45 万户，27.78 万人。依据移民搬迁原则，近水、沿路和靠城的乡村聚落多了起来。截至 2016 年末，西海固地区乡村人口达 152.9 万，占宁夏乡村人口总数的 51.8%。

西海固地区及宁夏主要年份乡村人口统计（万人）　　　　　　表 3-1

| 年份 | 1949 | 1958 | 1964 | 1978 | 1982 | 1990 | 2000 | 2010 | 2016 |
|---|---|---|---|---|---|---|---|---|---|
| 西海固 | 51.2 | 79.7 | 92.3 | 145.5 | 161.3 | 178.3 | — | — | 152.9 |
| 宁夏 | 105.3 | 161.5 | 189.8 | 282.5 | 303.9 | 346.0 | 373.9 | 329.4 | 295.0 |
| 比重（%） | 48.6 | 49.3 | 48.6 | 51.5 | 53.1 | 51.5 | — | — | 51.8 |

资料来源：《宁夏南部山区统计丛编——八县综合卷》、《宁夏统计年鉴（2001 年、2011 年、2017 年）》

## 3.2　西海固乡村聚落空间演进特征

从城乡规划专业的视角，诠释聚落空间特征的最直接要素莫过于聚落功能、结构、形态。功能，从词意上讲，是指物质系统所具有的作用、能力和功效[57]。功能反映了社会生产和生活的变化。功能的发挥表现在聚落空间结构上就是各种需求、活动与设施的区位分布与服务圈组织[58]。聚落空间结构是聚落各种功能活动在地域上的一种抽象表现；是各类建设用地及其相互作用在地域空间的组合。简单讲，就是"物质系统的各组成要素之间的相互联系、相互作用的方式"[57]。而聚落空间形态，简言之，就是聚落在空间上所呈现的形状，也是聚落空间结构的外在体现。聚落的结构、功能和形态三者是一个相互密切关联、影响和互为表里的系统。支撑聚落各种功能活动的实体环境要素是聚落空间结构的物质基础，而各种实体环境要素之间的组合关系与组织方式则是城市空间形态的物化体现。所以，聚落空间形态在某种程度上又被视为聚落空间结构的孪生物。

聚落功能、结构和形态三者的联动关系表现在：功能是聚落发展的动力因素，起主导空间的作用。一般来讲，聚落功能首先随着社会经济的发展而发生变化，聚落原有相适应的聚落功能—结构遭到破坏，于是，旧的空间结构逐步瓦解以适应新的聚落功能需求，当新的空间结构逐渐形成时，聚落空间形态也就随着结构的变化而不断成型（表3-2）。

另外，聚落所处的自然地理环境很大程度上决定着聚落的经济活动类型和人们的生活生产方式，这在传统农业型乡村聚落中的体现更为突出。所以，聚落的空间分布区位自然也就影响着聚落的功能组织、空间结构与空间形态。在干旱缺水、土地贫瘠、自然灾害频发的西海固地区，乡村聚落空间分布的演进对聚落的功能结构、空间结构、空间形态的影响更为深刻。

因此，将乡村聚落的分布、功能、结构与形态作为研究乡村聚落空间演进特征的切入点，便于更加本质地把握乡村聚落空间的内涵关系，这对于乡村聚落空间优化对策的提出具有重要的意义。

**聚落功能、结构与形态相关性** 表3-2

| | 功能 | 结构 | 形态 |
|---|---|---|---|
| 表征 | 聚落发展的动力 | 聚落增长的活力 | 聚落形象的魅力 |
| 涵义 | 聚落存在的本质特征<br>系统对外部作用的秩序和能力<br>功能缔造结构 | 聚落问题的本质性根源<br>聚落功能活动的内在联系<br>结构的影响更为深远 | 聚落功能与结构的高度概括<br>映射聚落发展的持续与继承<br>鲜明的聚落个性与景观特色 |
| 相关的影响因素 | 社会和科技的进步和发展<br>聚落经济的增长<br>政府的决策 | 功能变异的推动<br>聚落自身的成长与更新<br>土地利用的经济规律 | 政府的决策<br>功能的体现<br>居民价值观的变化 |

| | 功能 | 结构 | 形态 |
|---|---|---|---|
| 基本构成内容 | 聚落发展的目标进取<br>发展预测<br>战略目标 | 聚落增长方法与手段的制定<br>空间、土地、产业、社会结构的整合 | 人与自然的和谐<br>传统与现代共存<br>物质与精神文明并进<br>聚落设计的成果 |
| 总体要求 | 强化聚落综合功能 ⟷ 完善聚落空间结构 ⟷ 创建完美的空间形态<br>作为变革的动力　　作为目标的导向<br>聚落空间优化 | | |

资料来源：李德华 . 城市规划原理 [M].北京：中国建筑工业出版社，2001.

## 3.2.1 聚落空间分布的分散化

（1）聚落空间分布演化历程

西海固乡村聚落空间分布演化是一个漫长的村民选择和适应自然的结果，也是该地区人地关系演化的结果。在西海固人口大发展的元代以前，由于区域人口增长缓慢，农牧并重的生产方式使该地生态系统基本处于平衡状态。即使到了元代，随着屯兵、屯民数量的增加，农、牧、商产业多元发展，人地关系依然比较协调，村落大多分布于适宜农耕、交通便利的河谷川道。所以，清水河谷、葫芦河谷，以及泾水河谷、祖厉河谷的川道地，村落毗邻，人口集中[59]。明至清中叶，西海固地区屯垦拓荒加剧，森林植被破坏严重，该地区原本协调的人地关系急转直下，进入了掠夺式人地关系阶段。而且随着区域人口的增长和粗耕农业的发展，为了生产方便，乡村聚落开始由河谷川道向浅山缓坡扩散。清末西北回民起义失败后，西海固地区作为安置地，人口规模的暴增严重超出了区域自然环境承载的阈值，为求生存，人们毁林开垦、伐木烧炭，致使该地人地关系进一步恶化，这时的人们开始向山地阳坡迁移，依坡筑屋，于是涌现出大量台阶式多层结构的乡村聚落，聚落空间分布也进一步扩散。随着垦荒加剧，为了维持每家众多人口生存所需的耕地面积以及考虑适宜的耕作半径，乡村聚落分布格局向大分散演化的态势加剧，山坡陡梁、沟岔山峁，乡村聚落已无处不在。这一分布状态经过民国至中华人民共和国成立后很长时间内都没有太大变化。

中华人民共和国成立后，国家虽一直加强对西海固地区的生态治理，但终因原生态问题积重难返，加之地区人口规模的持续攀升，该地人地关系依旧严峻。单一的产业结构，传统的农耕经验，自然的经济模式世代相传，加之山大沟深、交通闭塞的现实条件，使得西海固村民产生了强烈的自我封闭和排他的心理特征，使已形成的聚落空间分布格局长期保持稳定状态。直到 20 世纪 80 年代开始，随着国家"三西"扶贫工程的启动，宁夏先后在西海固地区实施了多项移民工程，才使西海固乡村聚落的空间分布呈现出较大的变化。

（2）聚落空间分布特征

在经历了区域人地关系的影响、历史重大事件的干扰与国家政策制度的干预后，西海固乡村聚落经过长期的发展演化，形成现今的空间分布格局。借助 Google Earth 获取西海固地区同一族群乡村聚落的空间属性，绘制西海固同一族群乡村聚落空间分布图（图 3-3），在 ArcGIS10.0 中配准、校正。运用探索性空间数据分析（ESDA）中的平均最邻近指数（ANN），并结合西海固地区数字高程图（DEM）提取的地区高程和坡度以及宁夏水系图、宁夏交通图提取的区域河流和道路等因素分析西海固乡村聚落空间分布特征。属性数据采用 2017 年《宁夏统计年鉴》[60]《宁夏城市、县城、村镇建设统计年报》❶ 等数据资料。

1）聚落分布的分散化

最邻近距离指数主要通过乡村聚落点的中心与其最邻近聚落点之间的平均距离与假设随机分布的期望平均距离进行对比分析，进而来判断农村居民点是随机分布还是集聚分布[61]，其测算公式如下：

$$ANN = \frac{\overline{D_o}}{D_e} = \frac{\sum\limits_{i=1}^{n} d_i / n}{\sqrt{n/A}/2} = \frac{2\sqrt{\lambda}}{n} \sum\limits_{i=1}^{n} d_i \qquad （式 3-1）$$

式中：$D_o$ 为每个乡村聚落点与其邻近点之间距离的平均值；$D_e$ 为假设随机模式下乡村聚落点的期望平均距离；$n$ 为聚落点总数；$d$ 为距离；$A$ 为研究区域的总面积。如果，$ANN$ 指数小于 1，表明聚落是集聚分布模式；如果 $ANN$ 指数大于 1，聚落则趋向于随机分布模式。

通过测算，西海固乡村聚落点的平均最邻近指数为 1.36，整体属于随机分布模式；而且校验值 $Z$ 为 −16.81，表示只有 5% 或更小的可能性会使该随机模式是随机过程产生的结果，所以，西海固地区乡村聚落分布整体上较为随机和分散，而局部区域又较为密集，这与乡村聚落所处的自然地理环境密切相关（图 3-2）。

2）聚落分布的分异性

人口与居民点之间有着密切的对应关系，两者在空间分布上具有高度一致性。西海固地区共有 90 个乡镇，1146 个行政村。其中，原州区、西吉县、海原县、同心县

---

❶ 宁夏回族自治区住房和城乡建设厅 .2013 年城市、县城和村镇建设统计年报（内部资料），2013.

● 乡、镇
● 村落

同心县
海原县
西吉县
隆德县
原州区
彭阳县
泾源县

图 3-2　西海固同一族群乡村聚落空间分布图
资料来源：作者绘制

乡村人口均为 30 万以上，彭阳县、隆德县次之；泾源县无论国土面积还是乡村人口在西海固地区都属于最小的一个县（表 3-3）。

西海固各县、区乡村人口及乡村聚落数量统计表（2016 年）　　表 3-3

| 项目 | 原州区 | 西吉县 | 隆德县 | 彭阳县 | 泾源县 | 同心县 | 海原县 | 总计 |
|---|---|---|---|---|---|---|---|---|
| 乡村人口（万） | 21.8 | 26.4 | 10.6 | 13.6 | 7.2 | 20.2 | 30.6 | 130.4 |
| 总人口（万） | 42.1 | 34.7 | 15.5 | 19.7 | 10.1 | 32.8 | 40.2 | 195.1 |
| 乡村人口比重（%） | 51.8 | 76.1 | 68.4 | 69.0 | 71.3 | 61.6 | 76.1 | 66.8 |
| 乡、镇（个） | 11 | 19 | 13 | 12 | 7 | 11 | 17 | 90 |
| 行政村（个） | 153 | 296 | 113 | 156 | 105 | 154 | 169 | 1146 |

资料来源：《宁夏统计年鉴（2017 年）》

3）河流、道路趋向性显著

水是人类生存和发展不可或缺的物质要素，居民点选址首先会考虑水源保障。另外，河谷川道地势平坦、交通便利，也是人们生活和生产的理想之地。将距离最近水系划分为 0 ~ 100m，100 ~ 500m，500 ~ 1000m，1000 ~ 1500m，1500 ~ 2000m，2000 ~ 2500m 及 > 2500m 七级。研究结果表明，彭阳、海原、隆德、泾源、原州和西吉六县（区）距水系 1.5km 内的乡村聚落，占该县（区）乡村聚落总数均在 55% 以上，聚落沿水系呈"枝叶状"分布特征显著；而西吉、同心两县距水系 1.5 ~ 2.5km 的乡村聚落数量较多（图 3-3）。

道路交通是人流、物流、信息流的传输通道，也是经济增长的发动引擎。将距离最近公路（国道、省道、县道、乡道）划分为 < 500m，500 ~ 1000m，

1000 ~ 1500m, 1500 ~ 2000m, 2000 ~ 2500m 及 > 2500m 六级。研究结果表明, 距离公路 1.5km 内的聚落比重达 53.2%。其中, 三横 (G309、G312、S305) 三纵 (S101、S202、S203) 干线两侧 1.5km 内分布着 44 个乡镇和 154 个村落, 仅贯穿南北的 101 省道两侧就有 21 个乡镇和 97 个村落聚集 (图 3-4)。

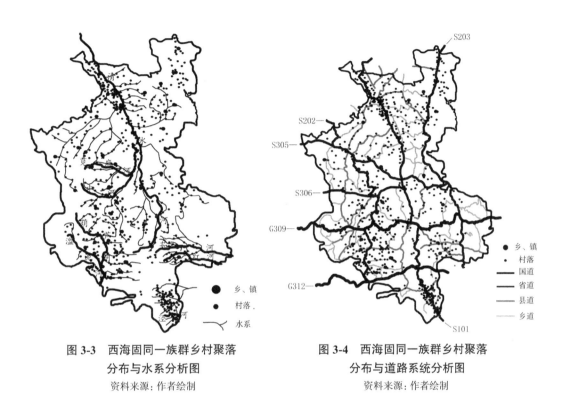

图 3-3　西海固同一族群乡村聚落
　　　　分布与水系分析图
资料来源：作者绘制

图 3-4　西海固同一族群乡村聚落
　　　　分布与道路系统分析图
资料来源：作者绘制

4) 低坡度、低海拔区位取向突出

区域的坡度与高程是自然地形地貌的重要组成部分, 而且是影响水资源利用、道路选线、耕作半径的重要控制指标之一。将地形坡度划分为 0° ~ 5°, 5° ~ 10°, 10° ~ 15°, 15° ~ 25° 及 > 25° 五级, 海拔划分为 1000 ~ 1500m, 1500 ~ 2000m, 2000 ~ 2500m 及 > 2500m 四级, 由图 3-5、图 3-6 可以看出乡村聚落分布的地形地貌特征。

一般认为, 坡度为 0° ~ 15° 是适宜或较适宜人类生存和农业生产的理想地带。西海固 451 个同一族群的乡村聚落分布在这一地带, 占同类乡村聚落总数的 72.6%。这就意味着还有 170 个同类村落分布在不适宜人类生存的中坡或陡坡地带, 这些村落主要集中在海原县的海城镇、曹洼乡, 西吉县的沙沟乡, 原州区的开城镇、中和乡以及泾源县的香水镇和兴盛乡。这些村落的分布与六盘山及其支脉由西北向东南的走向保持一致。由四县 (区) 地形地貌决定, 西吉、海原、原州区三县 (区) 的基本地貌属

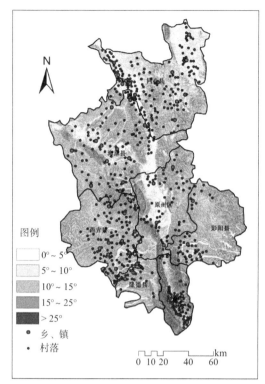

图 3-5　西海固同一族群乡村聚落不同坡度
分布特征

资料来源：作者绘制

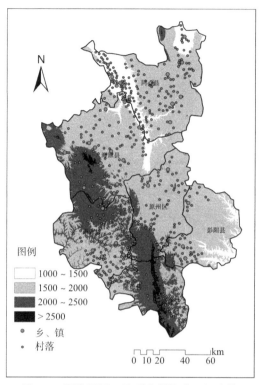

图 3-6　西海固同一族群乡村聚落不同海拔
分布特征

资料来源：作者绘制

于黄土丘陵区，区域内沟壑纵横、梁峁交错。以西吉和泾源两县为例，西吉地貌类型中：黄土丘陵占 83.40%，土石山地占 10.45%，河谷平原仅占 6.07%，所以，分布在坡度 > 15° 地带的村落数量相对较多。而泾源县位于六盘山南麓，西为六盘山天然次生林区，东为与六盘山余脉相连的土石山区，这一地貌特征决定了泾源县人地关系最为紧张，其 30% 的乡村聚落分布在坡度 > 15° 的地带。

在众多自然因素中，海拔对居民点分布也具有重要影响。一般来说，越是海拔高的地区，居民点分布得越少[62]，西海固乡村聚落的分布同样遵循这一规律。分布在 1000 ~ 1500m 的乡村聚落共 103 个，比重为 16.6%，主要集中在同心县；分布在 1500 ~ 2000m 的乡村聚落 413 个，比重为 66.5%，主要集中在原州区、海原、泾源、隆德、西吉、彭阳五县一区；其余 105 个乡村聚落分布在 2000 ~ 2500m 的高寒地区，主要分布在西吉和海原的交界处。这与西海固复杂的自然环境有关，北部的同心县处于干旱荒漠区，海拔相对较低；中部的原州区、西吉县、海原县、彭阳县处于典型的黄土高原区，海拔均在 1500m 以上；南部的泾源、隆德处于六盘山区，海拔相对较高。各县（区）分布在 2000m 左右海拔的乡村聚落大多处于六盘山及其余脉腹地，随着距山系距离越来越远，乡村聚落分布呈现逐渐增多的特征。

综上所述，西海固乡村聚落空间分布整体表现出分散化特征，且聚落分布具有强烈的低坡度、低海拔的区位取向以及明显的河流、道路趋向性特征。

## 3.2.2 聚落空间功能的多元化

功能是指有特定结构的事物或系统在内外部的联系与关系中表现出来的特性和能力。聚落功能是指聚落为居民所提供的各类服务及其设施的总和。是与聚落生产、生活要求（或者是期望）以及当地生产力相适应，并随着聚落的发展而不断完善的；是聚落内部活动内容与活力的反映，也是聚落的外部环境与聚落内部因素及聚落内部各因素之间相互作用的结果[63]。

在传统农耕文明时期，低下的生产力发展水平和村民"日出而作，日落而息"的生活模式注定了乡村聚落的主导功能是居住功能，并伴有农业生产功能。时至今日，随着乡村经济的转型与产业类型的多元化以及村民生活水平的提高，工作、商贸、交往、休闲、娱乐等相结合的多样化生活模式逐步出现，乡村聚落功能由均质同构走向异质多样成为必然。传统的生产与居住功能复合转向了新型多功能复合[64]。西海固乡村聚落的功能结构演化同样经历了这一过程，尤其对于那些自然环境条件和地理区位条件均较优越的乡村聚落而言，其聚落功能更加丰富多样。

（1）传统社会中生活与生产功能的复合

生活、生产功能是所有聚落的基本和必要功能。在中国传统社会，以农耕文化为主导的西海固地区，传统大家族的繁衍生息促成了聚落的不断生长。在聚落地理空间上，这些大家族在不断繁衍、分门立户的过程中形成一片片以血缘关系为纽带的院落组群。同一族群内部，各院落紧密相连，守望相助；不同族群院落片区之间又自然留出曲折通幽的巷道作为分隔和联系。

西吉县南部的兴隆镇单家集是一个历史悠久的村落，村落的形成最早可追溯至明代，据《西吉县志》记载："明成化年间，山东济南府单姓回族来本县单家集村定居"[65]，逐渐形成一个聚居的村落。起初，来到此地的四个单姓回族兄弟分成四个房头❶，四个房头不断繁衍裂变形成若干家庭，但每个房头的院落群体成为一个整体从村落的南边至北边一字排开，而且每个房头都拥有各自的耕地，独立耕作经营。随着时间的推移和时代的变迁，单家集不断有其他姓氏的村民落居，村落的规模也随之逐步扩大（图3-7）。所以，传统农耕社会的西海固，其乡村聚落的功能主要是以大家族生活和农耕生产为主体功能。

---

❶ "房"是宗族聚落中由一"族"派生的支系。通常，宗族聚落按照血缘关系的亲疏构建宗族组织，形成"族—房—户"或"族—支—房—户"等组织结构模式，同一房的成员间血缘关系浓重。

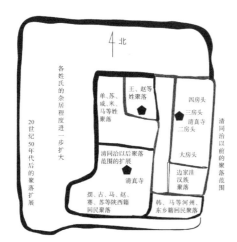

**图 3-7　单家集主村村落扩展示意图**

资料来源：马宗保.回族聚居村镇调查研究·单家集卷
[M].银川：宁夏人民出版社，2008：24.

**（2）多元功能的演变**

法国社会学家亨利·列斐伏尔认为，空间就是社会产品，每一个特定的社会都会历史性地生产出属于自己的空间发展模式，社会形态的变化必然会导致空间形态的变化[66]。时代的进步和社会资本的积累，注定人们的社会需求标准会不断提高，而社会需求又会对聚落的功能提出新的要求。改革开放以来，西海固地区社会经济不断发展，村民逐步满足基本的衣食住行需求外，渐渐对生活质量提出了更高的要求。尤其进入 21 世纪后，新农村、美丽乡村等一系列有关乡村建设和环境整治项目的实施，乡村聚落的基础设施以及文化教育、医疗卫生、行政管理、休闲娱乐等设施逐步完善，在满足聚落社会多元化需求的同时，聚落空间功能的多元化也逐渐显现。

与此同时，随着社会经济的不断发展，西海固乡村聚落的经济活动也呈现出多元化发展趋势，在地理区位和经济条件较为优越的河谷川道地区，人们的经商意识和活动得以恢复和发展，有牛羊肉及皮毛革等畜产品的收购、加工和贩卖，也有小杂粮、富硒瓜果、冷凉蔬菜的包装加工与售卖；矿产资源丰富的乡村聚落还发展了资源依托型工业，实现了该地区工业从无到有的转变；而在旅游资源丰富的泾源、西吉等地的乡村聚落，随着当地旅游业的发展，临近旅游区的乡村聚落，其旅游服务业也逐渐兴起，乡村旅游休闲功能凸显，所以，新的经济活动使西海固地区乡村聚落的非农产业不断发展，聚落的生产功能也由过去较为单一的农业、畜牧业向农业、畜牧业、制造业、服务业等多元化产业发展。另外，随着国家生态移民、退耕还林还草政策的推进和落实，加上人们生活条件改善后受教育程度提高和思想意识的进步，生态保护意识在这一土地贫瘠、环境恶劣的地区逐步加强，聚落的生态功能逐步显现。

总体而言，在西海固人地关系演进的背景下，乡村聚落功能从过去传统农耕文明时代的耕作、居住、宗教等简单生活模式逐步向居住、生产、娱乐、休闲、商贸相结合的多元化生活模式转变。聚落空间也从过去单纯的居住和农业生产空间演变为多功能空间，从而形成一个开放性的聚落系统。

1）生活与生产功能的多元化

聚落生活关系包括从生产、交换、分配到储藏和消费的整个经济活动的全过程，任何形式的聚落及其住宅建筑的产生和发展，都建立在与之相适应的经济活动之上，服从并服务于一定的经济生活。历史上各种不同的民族共同体因谋取食物的主要方式不同，导致人们的活动方式在空间组合上明显地分化为多种类型[67]。随着西海固地区农村经济转型和发展，乡村聚落逐步形成了农、牧、工、商等多元共存的复合型经济特征。诚然，聚落经济活动受自然环境条件和社会人文条件的交互作用和影响，故自然条件和地理区位均较为优越的乡村聚落，其工业生产、旅游服务、商业贸易和生态功能逐步显现，而以农业生产为主的第一产业结构内部也发生了较大的调整，"设施农业"、"特色农业"等成为聚落经济发展的主要驱动力；而资源匮乏或区位偏远的乡村聚落则依然延续传统农业种植和养殖业为主的经济功能，其聚落功能仍然相对单一。

随着时代的发展，自古就有加工贸易传统，且区位、经济等基础条件较好的城镇和村落，聚落经济发展水平逐步提高，村民善于经商的优势逐步发挥出来，农户兼业化比重日益增高，生产生活形态呈现多样化发展，乡村聚落的功能组织与空间关系也逐步改变。在地势平坦、交通便利的河谷川道地区的乡村聚落，村民商业经营的氛围较为浓厚，故在经济外向度较高的乡村聚落中，牛羊活禽交易市场普遍存在，聚落的商贸服务功能凸显出来。同时，商贸服务功能又促动了聚落工业生产、休闲娱乐功能的发挥，聚落的空间功能更为多样化。前文中的单家集，历史上即是古丝绸之路上的一处驿站，是当地赫赫有名的商贸流通旱码头。凭借优越的地理位置、便利的交通条件和古已有之的商贸传统，今天的单家集已发展成为西北最大的村级畜产品交易市场，"户户搞屠宰、家家有作坊、人人忙贩运"[68]，每逢双数日期便是单家集的集市（集市日期的密集程度也足以表现出村落商贸发达的程度）。沿街的商业店铺、医院、小学、幼儿园、敬老院、村委会等公共设施一应俱全；面粉厂、三粉（粉皮、粉条、粉带）加工厂、粮油加工、彩钢厂、食品加工厂等小型加工企业也不断涌现；活禽、牛羊交易市场等商贸设施占据村子大片土地（图3-8）。

而位于交通干道的小城镇，聚落功能多元化发展趋势更为明显，这从聚落用地空间扩展与建设用地变化分析中便可看出，本书以西海固地区的韦州镇为例进行解析。位于宁夏同心县东北部的韦州镇，是历史时期长灵（长安—灵武）古道重要的节点城镇，也是具有深厚历史文化底蕴的著名古镇。目前，镇区常住人口约2.38万人。

说明：
1. 医院 2. 淀粉厂 3. 敬老院
4. 牛羊产业有限公司 5. 活禽交易市场 6. 蔬菜购销合作社
7. 面粉厂 8. 幼儿园 9. 卫生室 10. 商业店铺 11. 广场
12. 小学 13. 村委会 14. 彩钢瓦厂 15. 牛羊交易市场

**图3-8 单家集多功能化的生产与生活空间**
资料来源：作者绘制

本书采用土地利用动态度对镇区土地利用变化进行分析，动态度模型是表征一定时间范围内某种土地利用变化的剧烈程度，其计算公式如下：

$$K = \frac{U_b - U_a}{U_a} \times \frac{1}{T} \times 100\%$$

（式 3-2）

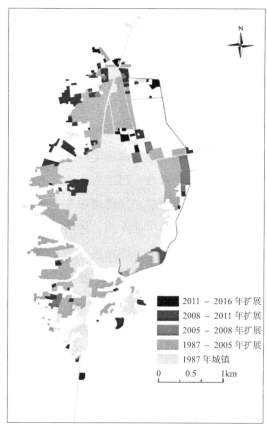

图 3-9 1987 ~ 2016 年韦州镇区用地空间扩展分析

资料来源：作者根据韦州镇五个年份土地利用现状图绘制

2011 ~ 2016 年扩展
2008 ~ 2011 年扩展
2005 ~ 2008 年扩展
1987 ~ 2005 年扩展
1987 年城镇

0    0.5    1km

式中：$U_a$ 和 $U_b$ 分别为研究初期及末期某种土地利用类型的面积；$T$ 为研究时段。

根据镇区 1987 ~ 2016 年 5 个时相的遥感影像分类结果（图 3-9），统计出韦州镇区 5 个时期的土地利用类型的特征值。由表 3-4 可以看出，除了小城镇主要用地类型——居住用地的动态度较高外，镇区公园与绿地、工矿仓储用地、公共设施用地、湖泊湿地等，30 年时间里土地利用动态度均在 3% 以上，尤其是镇区绿地面积从 1987 年的 0.72hm$^2$ 增长到 2016 年的 7.45hm$^2$，用地增长动态度达 31.16%，是镇区各类用地变化最大的一类用地。究其原因，主要是时代的变迁与经济的增长使镇区的生活与生产功能都大大拓展，进而影响到镇区用地构成。韦州镇自古商业贸易发达，镇区东西向主要道路政府路两侧商业店铺密集，仅大型集贸市场就有两个，且镇区教育设施、医疗卫生、行政管理、文化娱乐等设施一应俱全。另外，韦州镇域拥有丰富的白云岩、煤炭和石灰石等矿产资源，在镇区东部，镇区金属镁厂、石料厂以及煤化工厂等呈集聚发展态势。而且，随着人们对美好生活诉求的不断提高，镇区公园与绿地面积逐年增加，以保护康济寺塔等遗迹为目的的生态文化园的建设，更使镇区由过去简单的居住、农业、商贸、行政等功能向居住、商贸、农业、工业、行政、医疗、娱乐、休闲、旅游、生态等功能不断演化。

韦州镇主要用地类型变化分析表　　　　　　　　　表 3-4

| 用地类型 | 1987 | | 2005 | | 2008 | | 2011 | | 2016 | | 用地类型增长动态度 |
|---|---|---|---|---|---|---|---|---|---|---|---|
| | 面积（hm²） | 所占比重 | 面积（hm²） | 所占比重 | 面积（hm²） | 所占比重 | 面积（hm²） | 所占比重 | 面积（hm²） | 所占比重 | |
| 居住用地 | 247.78 | 75.90% | 401.06 | 79.96% | 411.72 | 78.52% | 437.18 | 77.74% | 438.96 | 77.11% | 2.57% |
| 公共设施用地 | 37.82 | 11.59% | 42.07 | 8.39% | 42.2 | 8.05% | 53.45 | 9.51 | 55.6 | 9.77% | 4.55% |
| 公园与绿地 | 0.72 | 0.22% | 5.11 | 1.02% | 7.11 | 1.36% | 7.11 | 1.26% | 7.45 | 1.31% | 31.16% |
| 工矿仓储用地 | 6.31 | 1.93% | 11.88 | 2.37% | 15.95 | 3.04% | 17.2 | 3.06% | 19.85 | 3.49% | 7.15% |
| 湖泊 | 3.33 | 1.02% | 10.87 | 2.17% | 9.66 | 1.84% | 9.57 | 1.70% | 9.57 | 1.68% | 6.25% |
| 街巷用地 | 30.45 | 9.33% | 30.58 | 6.10% | 37.73 | 7.20% | 37.82 | 6.73% | 37.82 | 6.64% | 0.81% |
| 合计 | 326.41 | 100% | 501.57 | 100% | 524.37 | 100% | 562.33 | 100% | 569.25 | 100% | 2.48% |

资料来源：作者绘制

2）生态功能逐步显现

乡村作为生态腹地，还承担着为城市提供重要的生态屏障、保持区域物种多样性的功能[69]。西海固是我国"两屏三带"生态安全战略格局中的重要组成部分，历史上的西海固地区原本有着良好的生态环境基底，但随着历史的变迁，区域人口暴增，为求生存，人们对生态资源过度开垦、草场超载放牧、林木肆意砍伐，致使西海固生态环境持续恶化，也造成了人与自然的严重失谐，人居环境日趋恶化，人地矛盾尖锐突出。自1983年以来，随着国家生态移民项目（从西海固地区迁出的生态移民多达100万人）和退耕还林还草政策的推进以及人们生态环保意识的不断增强，西海固地区的生态环境逐年得到改善，仅西海固北部干旱带移民迁出区就有300万亩土地用于恢复生态。另外，据周瑞瑞等研究[70]，以"全年空气质量优良天数比、生活垃圾无害化处理率、生活污水处理率、建成区绿化面积比例"等反映生活环境质量的指标对比分析显示，宁夏南部县域城镇居民的生活环境质量高于北部川区地区，且得分处于最优档次的区域是宁夏南部的泾源县，青山绿水的景象随处可见，地区生态休闲功能逐渐显现（图3-10、图3-11）。可以预见，随着《宁夏主体功能区规划》的落实，西海固地区的生态功能会更加明显。

### 3.2.3 聚落空间结构的复杂化

聚落功能的多元化发展必然带来聚落空间结构的响应。改革开放以来，西海固地区社会经济的不断发展、城镇化进程的持续推进以及现代文化的逐步渗透，折射在乡村聚落层面则呈现出新的经济组织关系，从而使社会交往模式和个体生活方式都发生了变化。这些变化首先发生在区位优越、交通便利的河谷川道的乡村聚落，聚落商贸、

图 3-10　原州区马场村
资料来源：作者拍摄

图 3-11　泾源县泾河源镇
资料来源：作者拍摄

服务业等第三产业迅速发展，聚落的产业结构、土地利用结构发生了重大调整。这类乡村聚落的社会结构也不断在商品生产、市场经济、政府扶贫政策等他组织驱动力的作用下发生了变化，聚落重心开始向集市贸易处和交通便捷处转移。乡村聚落的空间功能由过去的以居住、农业生产活动为主导的内向型空间转变为商业、服务业为主导的外向型空间。尤其是人口聚居的城镇，其功能更是大大拓展，逐渐演变为县、镇产业中心及一定区域内人流、物流、信息流的集散中心和文化娱乐中心。聚落中村民之间也不仅只是血缘、亲缘、地缘的联系，以生产和经济联系为主导的业缘关系不断加强，聚落空间结构也随之变得复杂。

### 3.2.4　聚落空间形态的多样化

形态即"事物的形状或表现"[71]。聚落形态是聚落用地的平面形态，是聚落景观与内部组织的直观表现，也是聚落自然条件、社会经济和传统文化的综合反映[72]。西海固乡村聚落的空间形态是村民在特定的自然地理环境中，从事的各种活动与相应的自然环境因素互相作用的外向性表现，也是生态、自然、社会、文化和风俗等因素对聚落规模、景观、内部组织构成影响的综合反映。在复杂的人地关系演进过程中，西海固原本平坦的黄土高原被流水冲刷得支离破碎，成为沟壑纵横、梁峁交错的地形地貌。最早分布于河谷川道地区的乡村聚落，其形态大多是紧凑的团状，后因历史渊源和区域人口暴增等原因而呈现大分散分布状态，故乡村聚落也呈现出形式多样的空间形态。

根据聚落建成区的集聚状况，西海固乡村聚落空间形态可以划分为集聚和分散两大基本类型。其中，集聚型聚落，一般分布在河谷阶地或黄土丘陵地势相对平坦的地方，此类聚落往往建设密度较高，布局较紧凑。其空间形态主要是团块型，西海固大多数人口聚居的乡（镇）或区位条件较好的村落通常呈现出这一空间形态。分散型聚落往往住宅分布分散，建设密度较低，多因地形分割、空间限制和耕地分散所致，主要包括条带型和点簇型，在西海固地处偏远或地形复杂的村落中较常见。

（1）团块型

团块型乡村聚落的用地布局往往具有明显的向心性，其空间扩展模式是随着时间的推移由中心不断向外围扩散蔓延。这类聚落大多位于河谷川台地带或地势较平坦的地区，平面形态多为不规则圆形或梭形、多边形，其南北轴和东西轴基本相等。由于地势较为平坦，开展建设活动方便，故这类聚落通常规模较大，布局紧凑，聚落边界受地形影响不规则，内部分工较明确，聚落沿着交通道路向四方延伸和辐

图 3-12　同心县豫旺镇现状用地布局
资料来源：根据《豫旺镇总体规划（2011—2030）》绘制

射。无论何种形式的集聚型聚落都往往与人们居住形态上的向心模式和群体组合模式紧密相关。

同心县的豫旺镇即属于典型的团块型，该镇位于同心县东南部，距同心县城72km，镇区现状建设用地约为100.6hm²，现状人口6300人。豫旺镇是一座历史悠久的名邑古镇，古代是一座扼控边塞的军事重镇，20世纪30年代因红军西征在此设立总指挥部而闻名，是著名的革命老区。镇区用地最早以位于镇区中心的鼓楼向东南西北四个方向扩展。近年来，随着城镇社会经济的发展，城镇用地扩张速度加快，向北向东直至折子沟，而镇区西北方向的省道201（惠平公路）与同豫路（同心—豫旺）交汇处，由于便利的交通条件和作为镇区门户空间的优越地理位置成为镇区主要的发展方向，大量新建住房聚集在此，形成镇区用地扩展的新方向（图3-12）。

在西海固地区，团块型乡村聚落中乡集镇、建制镇居多，典型的团块型乡村聚落有丁塘镇、河西镇、海兴开发区、兴隆镇、韦州镇、下马关镇、香水镇、泾河源镇等。典型村落有三营村、单家集等。

（2）条带型

西海固地区地形地貌复杂多样，一些乡村聚落由于受制于河流、沟渠、山脉或铁路、高速公路等走向影响而呈现出条带型延伸的态势。近年来，随着"村村通"工程的实施，此种现象更为普遍。基础设施建设对乡村聚落演变的速度、方向以及形态具有重要的空间引导作用。长久以来，在难以依托自然资源发展的西海固地区，人为因素能够改

善的道路交通便成了村民新建住房的首选之地，于是，大量沿道路两侧发展的条带型乡村聚落涌现出来。条带型聚落空间形态包括一字式、井字式、哑铃式和弧线式。

1）一字式

这一类型的城镇往往区位、经济等基础条件较好，随着乡镇企业和第三产业的发展，率先从单纯的农业经济发展为集工业、农业、商业于一体的混合型经济实体，聚落用地沿道路扩展迹象明显，基础设施也因聚落空间形态纵向延展。而此类型的村落则往往临近或有国道或省道等较高等级的公路穿越，在近些年农村兴起的建房高潮中，新建农宅大多向交通便捷处选址，导致村落呈一字式形态发展。纵向绵延拓展的空间形态使聚落用地无法集约发展，导致聚落基础设施建设的不经济，同时，也使聚落公共设施的服务半径增大。

典型的一字式城镇如位于固原市原州区西北部的三营镇，该镇历史悠久，是古丝绸之路东段北道上的一个商贸重镇。由于镇区东西两侧分别受清水河和中宝铁路的影响，城镇用地只能沿南北方向纵深拓展，穿镇而过的S101（银平公路）成为城镇的纵向延伸发展轴（图3-13）。

一字式形态的村落较多，最具代表性的当属泾源县香水镇卡子村，该村沿S101纵向延伸的特征十分明显，S101既是村庄惟一的对外交通道路，也是村庄建设的发展轴，村落农宅呈组团式分布，排列较为规整，村部、卫生室、小学等公共设施位于村庄中部，且紧邻省道布置（图3-14）。

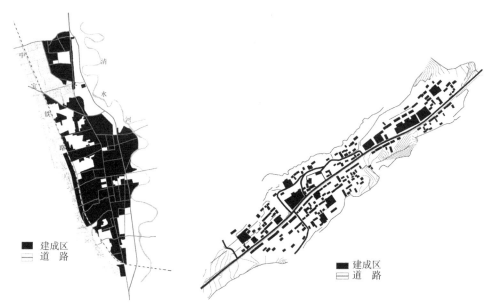

图3-13 原州区三营镇用地布局现状图　　图3-14 泾源县香水镇卡子村用地布局现状图
资料来源：根据《三营镇总体规划（2011—2030）》绘制　资料来源：根据《卡子村建设整治规划（2011—2015）》绘制

2）井字式（枝干式）

"井字式"形态的聚落，多位于地势平坦的河谷阶地，其空间扩展过程中，用地沿纵横交错的道路同时扩展。而"枝干式"形态的聚落大多位于沟壑纵横的黄土丘陵地带，乡村聚落空间扩展往往沿顺应沟渠或河流走向的道路延伸。所以，这两类空间形态的聚落有着共同的特征，即是聚落空间扩展同时沿着几条道路纵向延展。

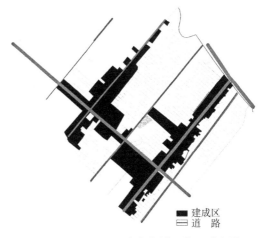

**图 3-15　同心县兴隆乡集镇现状用地布局**
资料来源：根据《兴隆乡集镇总体规划（2012-2030）》绘制

同心县兴隆乡乡集镇，位于同心县城西部，紧邻同心县城豫海镇新区。集镇总人口 1659 人，建设用地 33.9hm²。用地主要沿同海公路和与之垂直的两条道路呈带状布局，公共设施沿同海公路分布，村民住宅院落沿道路两侧形成"一层皮"的建设，不利于土地的集约利用，紧凑度差（图 3-15）。

3）哑铃式

哑铃式空间形态的乡村聚落同样大多位于河谷阶地或地势平坦地区，聚落原本由两个相距较近的聚落单体构成，两聚落向外扩张时，致使两者之间的距离越来越近，考虑到聚落的集聚发展，随着行政区划的调整，便合并为一个较

**图 3-16　西吉县兴隆镇用地布局现状图**
资料来源：根据《兴隆镇总体规划（2012-2030）》绘制

大的聚落，西吉县的兴隆镇即是最为典型的例子。

西吉县南部的兴隆镇最早由兴隆村逐步发展形成，镇区与南部的单家集（由单南和单北两个行政村构成）相距仅 2～3km，早期镇、村都各自呈现出集聚团块发展态势，近年来，随着镇区和村落空间扩展，两个乡村聚落之间的空地不断被填充，2013年，新的行政区划将单北村划入兴隆镇镇区范围，新建的大型公共服务设施（兴隆中学、养老院等）在两聚落中间原有的空地布置，使镇区空间形态呈现出两头大，中间小的哑铃状（图 3-16）。

4）弧线式（马蹄形）

此类型的乡村聚落往往是位于丘陵沟壑区的村落，村落空间发展往往沿塬台或沟谷扩展延伸，规模较小，空间布局松散，内部构成均质化，聚落边界模糊。

如隆德县张程乡李河村，位于黄土丘陵沟壑区的塬台地上，地形坡度较大，村民农宅院落沿乡道两侧分布，布局分散（图3-17）。由于地形影响，村民居住分散，村落总人口较少。

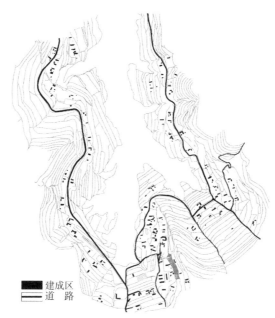

图例
■ 建成区
═ 道 路

**图3-17 隆德县张程乡李河村用地布局现状图**
资料来源：根据《李河村建设整治规划（2012—2030）》绘制

（3）点簇型

点簇型的乡村聚落主要表现为住户零散地分布在一定区域内，这种类型又可分为散点式和串珠式。散点式主要分布于土石山区及部分丘陵地区，农宅多选择沿沟、道路等较为平坦之地分布。串珠式则是由三、五簇各自集中发展，彼此又相连的院落组团集合构成的乡村聚落，此种类型主要分布于丘陵地区，农宅间距较大，受河流道路、地形影响，看似分散，实质上呈一定组群。

1）散点式

"散点式"乡村聚落建设密度小，布局高度离散，内部构成均质化，聚落边界模糊，主要在具有密集的枝状沟谷、阶地及其他相伴出现的地貌形态。

西吉县白崖乡油房沟村处于黄土丘陵沟壑区，村庄周边大部分土地为山岭丘壑地，四周皆为山体，2013年，村落人口规模为164户685人，特殊复杂的地形使得村落村民居住分散,户与户之间的距离较远,尤其沿村庄主要道路两侧的新建农宅呈散点式分布特征明显(图3-18)。

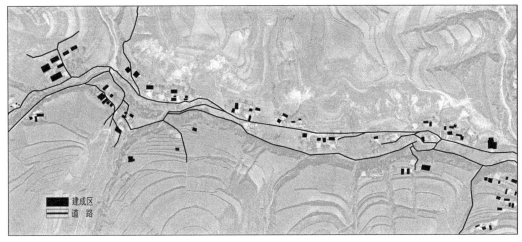

**图3-18　西吉县白崖乡油房沟村现状图**

资料来源:Google 地图

2)串珠式

"串珠式"乡村聚落往往是受地形、道路或行政政策的影响,一个行政村由几个组团构成,每个组团规模大小不等,各组团内部结构相对紧凑,聚落整体边界模糊。

泾源县泾河源镇冶家村,近几年凭借邻近老龙潭等旅游风景区的优越条件,大力发展旅游经济,成为西海固地区有名的乡村旅游示范村。原村落用地布局最早沿公路展开,2011年,在福建省与宁夏结对帮扶项目资金的资助下,在原村落

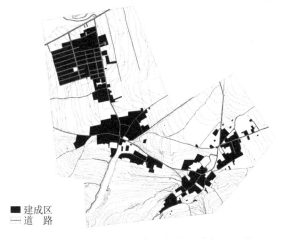

**图3-19　泾源县泾河源镇冶家村用地布局现状图**

资料来源:根据《泾河源镇冶家村美丽村庄建设规划(2015-2020年)》绘制

北部建设了冶家闽宁新村,新建农宅78户,依托老龙潭、二龙河、凉殿峡等旅游景点开展农家乐旅游服务项目,新建村落和原有村落通过道路相连形成串珠状(图3-19)。

综上所述,西海固地区由于地形地貌复杂多样,乡村聚落空间形态也呈现出多样化的表现,细分为三大类七小类,不同空间形态类型下的聚落空间结构特征差异也较大,如表3-5所示,位于河谷川道的乡村聚落,由于地势平坦,聚落大多呈团块状或条带型,

空间布局相对紧凑，聚居规模相对较大。而位于黄土丘陵沟壑区和山区的聚落，其空间形态大多呈现出弧线式和点簇型，聚居规模较小，空间布局较松散。

西海固地区典型乡村聚落空间形态分析　　　　　　　　　　　表 3-5

| 大类 | 小类 | 空间形态示意 | 典型乡村聚落 | 聚落空间结构特征 |
|---|---|---|---|---|
| 团块型 | 不规则式 | | 同心县豫旺镇、豫海镇、丁塘镇、河西镇、海兴开发区、兴隆镇、韦州镇、下马关镇、香水镇、泾河源镇、固原原州区三营村等 | 聚落规模相对较大，布局较紧凑，聚落边界受地形影响不规则，内部分工较明确，聚落沿道路向四方延伸和辐射 |
| 条带型 | 一字式 | | 原州区的三营镇、西吉县沙沟乡集镇、兴隆镇玉桥村、香水镇卡子村、兴盛乡兴盛村等 | 规模较小，聚落用地沿道路扩展迹象明显，基础设施也因聚落空间形态纵向延展，集约经济性差，联系也不方便，城镇因人口聚集度高 |
| | 井字式（枝干式） | | 同心县兴隆乡集镇、香水镇下桥村、白崖乡旧堡村等 | 规模较小，土地利用集约性差、紧凑度差，沿沟渠或道路等扩展延伸 |
| | 哑铃式 | | 西吉县兴隆镇、硝河乡集镇、同心县丁塘镇等 | 规模较大，空间形态呈现出两头大，中间小的哑铃状，两端的组团内部建筑密集、一般大型公建（中学）在中间 |
| | 弧线式 | | 西吉县白崖乡集镇、火石寨乡集镇、沙沟乡大寨村、海原县郑旗乡集镇、张程乡李河村、兴隆镇黄岔村等 | 规模较小，空间布局松散，内部构成均质化，聚落边界模糊，居住分散，往往沿地形延展 |

| 大类 | 小类 | 空间形态示意 | 典型乡村聚落 | 聚落空间结构特征 |
|---|---|---|---|---|
| 点簇型 | 散点式 | | 白崖乡油房沟村、泉堖沟村、交岔乡炭洼村、兴隆镇张节子村、吉强镇泉儿湾村、西滩乡上张村等 | 规模较小，村落建设密度小，布局高度离散，边界模糊 |
| | 串珠式 | | 泾河源镇冶家村、海原县史店乡集镇、九彩坪乡集镇、西滩乡黑虎沟村等 | 每个组团规模大小不等，各组团内部结构相对紧凑，聚落整体边界模糊 |

资料来源：作者绘制

## 3.3 西海固乡村聚落空间演进影响因素分析

聚落空间结构是在特定的自然环境条件下，人们改造自然和利用自然的一切经济活动在空间上的反映，而自然地理环境与社会人文环境是人类经济活动最基本的空间。对于西海固这一贫困的民族地区而言，这两个基本空间基于地域性的自身历史变迁与现实发展状况及其相互作用，从而产生一种综合性欠缺因素的积累和互动，这一积累和互动最终促成了西海固乡村聚落中人口行为方式的转变、经济发展模式的变革[59]，自然也就影响了乡村聚落的功能结构、用地布局、空间形态乃至空间分布的演化。因此，通过对乡村聚落空间演进的影响因素及其作用机制的分析，厘清聚落空间演进轨迹，总结其发展规律，为后文乡村聚落空间优化打下基础。

### 3.3.1 自然环境因素

自然环境是聚落空间结构形成和发展的本底，其因素对聚落空间结构的影响也是最直接和最重要的。在古代，人们已经注意到自然环境对聚落营建的重要性，《汉书·晁错传》中就说道："古之徙远方以实广虚也，相其阴阳之和，尝其水泉之味，审其土地之宜，观其草木之饶，营邑立城，制里割宅，通田作之道。"可见，水源、土壤、植被等自然环境因素对城邑的选址、营建的重要性。在西海固地区，影响乡村聚落空间结构的自然环境因素主要有地形地貌、水文气候、土壤地质等。

（1）地形地貌

地形地貌对乡村聚落的空间分布、形态有着强烈的影响，同时也影响着聚落的功能，《淮南子·齐俗训》所言"水处者渔，山处者木，谷处者牧，陆处者农"。不同的地形地貌加之气候的作用，产生出不同的农业景观和聚居模式[73]。聚落不同的功能又进一步影响着聚落的空间结构。

西海固位于黄土高原西南边缘，其地貌类型主要有河谷平原、黄土丘陵沟壑区和山地等，以黄土丘陵沟壑区为主。以海原县和西吉县为例，海原县 6899km² 的土地面积中，黄土丘陵占 66%，河谷川地占 20.9%，塬地占 4.4%，山地占 7.1%、土石山区占 1.6%；而西吉地貌类型中，黄土丘陵占 83.40%，土石山地占 10.45%，河谷平原仅占 6.07%。土地在河水的切割和冲蚀作用下，形成丘陵起伏，沟壑纵横，梁峁交错，山多川少的地貌特征[47]。特殊的地形地貌使地表支离破碎、崎岖不平，直接影响了乡村聚落的选址及空间分布。一般来说，位于河谷川道地区的乡村聚落，由于地势平坦，交通便利，生产生活条件相对优越，聚落农业与商贸都较发达，人口聚居密度较高，规模也较大，聚落的空间形态主要以团状和带状为主。而位于坡地或半川半坡的乡村聚落，海拔大多处于 1500 ~ 2000m 之间，坡度 5° ~ 15° 之间，这类乡村聚落的特点是：规模普遍较小，村民院落布置随意，造成聚落内部空间结构松散，且聚落空间形态呈现出由对外交通道路引导形成的弧线式、散点式和串珠式。

（2）水文气候

西海固地区属于典型的温带大陆性半干旱、干旱气候，年平均气温 3 ~ 8℃，年均降雨量 200 ~ 700mm，主要集中在每年 7 ~ 9 月，占全年降水量的 60% ~ 70%，而年蒸发量却高达 1000 ~ 2400mm 之间（表 3-6）。

宁夏西海固地区各县（区）气候特征　　　　　　　表 3-6

| | 原州区 | 西吉县 | 隆德县 | 泾源县 | 彭阳县 | 海原县 | 同心县 |
|---|---|---|---|---|---|---|---|
| 气候特征 | 年均气温 6.4℃，年降水量 435mm，年草面蒸发量 771mm，年太阳总辐射 5165MJ/m² | 年均气温 5.5℃，年降水量 398mm，年草面蒸发量 666mm，年太阳总辐射 6029MJ/m² | 年均气温 5.3℃，年降水量 502mm，年草面蒸发量 666mm，年太阳总辐射 5001MJ/m² | 年均气温 5.9℃，年降水量 620mm，年草面蒸发量 668mm，年太阳总辐射 4935MJ/m² | 年均气温 8℃，年降水量 443mm，年太阳总辐射 5324MJ/m² | 年均气温 7.3℃，年降水量 367mm，年草面蒸发量 878mm，年太阳总辐射 5642MJ/m² | 年均气温 9.1℃，年降水量 268mm，年草面蒸发量 934mm，年太阳总辐射 6029MJ/m² |

资料来源：米楠.宁夏六盘山区经济空间结构演化与优化研究 [D].宁夏大学，2013.

由于地区降雨时空分布不均，西海固民居建筑大多为坡屋顶，以利于雨水流泻。

同时，受春迟夏短，秋早冬长的气候影响，民居外墙砌筑厚实，以利于防风御寒，增强保温效果，且进深较浅，院落较大，以利于寒冷漫长的冬季日照充分，提高室内温度，加之乡村聚落生活与生产功能的高度复合，致使乡村聚落建设用地构成中居住用地占比较高，通常在 50%～75%；聚落人均建设用地面积较大，远远超过国家规范规定的 150m²/ 人的最高标准，聚落空间布局形态也松散不集约。

西海固所处的六盘山地区，是泾河、清水河（两河为黄河一级支流）、葫芦河（渭河的主要支流）的发源地，由此三河派生出许多水系支脉（表 3-7）。这三条河流昔日激流奔涌、几可载舟，但随着西海固地区生态环境的恶化，三条大河已变成溪流，各支系河流多数变为季节河，有的甚至完全断流干涸。加之区域内年均降雨量少，而蒸发量大，以降雨为水资源的重要补给方式使区域人均可利用水资源量仅为 273m³，远远低于国际人均 1000m³ 的缺水警戒线，而且水资源时空分布差异较大，水质较差，属于典型的资源性和水质性缺水地区，这也就使得西海固地区成为全国严重干旱缺水的地区之一。

宁夏西海固地区各县（区）水资源特征　　　　　表 3-7

| | 原州区 | 西吉县 | 隆德县 | 泾源县 | 彭阳县 | 海原县 | 同心县 |
|---|---|---|---|---|---|---|---|
| 水资源 | 石景河、清水河、冬至河、中河、茹麻河、茹河、颉河、张易河 | 葫芦河、清水河、祖厉河 | 渝河、葫芦河、什字路河、好水河、甘渭河、庄浪河、南河 | 泾河、香水河、沙塘河、羊槽河、盛义河、新民河、石嘴河 | 红河、茹河、安家川河 | 园子河、麻春河、贺堡河、马营河、李俊河、杨明河 | 清水河、长沙河、金鸡儿沟、折死沟、苦水河、洪沟 |

资料来源：米楠 . 宁夏六盘山区经济空间结构演化与优化研究 [D]. 宁夏大学，2013.

然而，水是人类生存、生活和生产必不可少的自然元素之一，纵观人类演进历史，人类的发源地皆是水源丰富的地方，如西亚的两河流域、北非的尼罗河流域、南亚的印度河流域以及东亚的长江与黄河流域。所以，水资源的分布与丰沛程度直接影响着聚落的空间分布、功能结构、空间形态、聚居规模及用地布局等。河谷川道地区，地势平坦，自然条件良好，交通便捷，因此聚落密度较高，平均每平方公里分布有 1.0～1.5 个聚落，聚落亲水分布特征明显，西海固境内诸水系中，清水河是该地区重要的一条河流，该河发源于原州区，向北流经西吉、海原、同心，河两岸就聚集有众多乡镇和村落。另外，水资源的丰沛与否直接影响着聚落的产业类型及农业结构构成，从而影响了聚落的功能结构，并进一步影响到聚落空间结构的其他特性。研究表明，沿清水河流域分布的豫海镇、三营镇、海兴开发区、王团镇等乡镇的平均人口规模为 2.5 万，远远高于西海固地区乡镇人口规模的平均值 0.7 万。相对丰富的水资源，对聚落各类产业的发展都有着较大的促进作用，这些城镇农、工、商、牧职能类型丰富，且聚落空间形态较为紧凑，呈团状或带状居多。而大面积的黄土丘陵区，由于干旱少雨，产业发展受到很大的制约，雨养农业比重占耕地总面积的 90%，而且 80% 的耕地为中低产田，聚落密度相对较低，平均每平方公里分布的聚落 0.1 ~ 1.0 个；聚落规模也相对较小，几十户、几户小型聚落比比皆是，甚至还有独院独户聚落，聚落空间结构也较松散。

（3）地质土壤

土壤条件作为农业活动最基本、重要的生产资料，对乡村聚落的形成与发展起到重要的作用，这一点早在 3000 多年前的周代就已得到充分的认识。《周礼》中记载，"大司徒……辨五谷九等，制天下之地征，以作民职，以令地贡，以敛财赋……"，即大司徒辨别五种地上的生产物和九种土质，制定天下的地税，使农民尽力于农业生产，使人民贡献谷物，使国家征敛财赋。另外，《礼记·王制》中也说，"凡制邑，度地以制邑，量地以居民，地、邑、居民必相参也。"由此可见，在生产力尚不发达的远古时代，人们就已经认识到不同地理区域内土壤条件，其数量和品质上存在着差异。这种差异性影响着人口和聚落区域分布的数量和密度，人口、聚落和土地是相互影响和制衡的 [74]。通常，山前洪积扇、冲积扇和河漫滩往往聚落密集，除了地势平坦、地下水和地表水资源丰富等条件之外，淤积于洪积扇、冲积扇和河漫滩的肥沃的土壤，对农业生产极为有利，也是人口聚居的地方 [7]。位于同心县罗山洪积扇的韦州镇、原州区清水河河谷地带的三营镇，都是西海固人口规模较大、等级较高的城镇，而且由于商贸集市发达，周围又凝聚着许多小的村落，形成了较为紧凑的聚落体系。而荒漠、戈壁、石质山地以及地震、洪水时常发生的山区，其土壤贫瘠，农业生产能力也较差，可承载人口规模自然较小，聚落分布一般也较为稀疏。西海固地区土壤类型主要有黄绵土、灰褐土、黑垆土等，这三种土壤的分布面积约占各县土壤总面积的 90% 以上（不包括彭阳县）（表 3-8）。黄绵土土质疏松，大孔隙，下渗性强，旁渗力弱，吸水量高（44% ~ 48%），持水量低（仅 20%），降雨特别是遇上强大暴雨，极易冲刷、滑塌 [75]，造成地表支离破碎、沟壑纵横，此处的乡村聚落分布分散且规模较小；黑垆土中含有钾肥，质地疏松透气性好，保水、保肥性能好，适于农作物的耕种，海原县中部地区土壤以黑垆土为主，也是乡村聚落分布较为密集的地区，聚落规模也较大。

| 宁夏西海固地区各县（区）主要土壤类型分布 | | | | | | 表 3-8 | |
|---|---|---|---|---|---|---|---|
| 土壤类型 | 原州区 | 西吉县 | 隆德县 | 泾源县 | 彭阳县 | 海原县 | 同心县 |
| 黄绵土 | 22.5 | 18.9 | 3.57 | 17.59 | — | 26.82 | — |
| 灰褐土 | 6.92 | 3.06 | 2.85 | 1.49 | 6.97 | 3.04 | 0.57 |
| 黑垆土 | 6.05 | 6.34 | 2.21 | 4.5 | — | 6.95 | 32.04 |

| 土壤类型 | 原州区 | 西吉县 | 隆德县 | 泾源县 | 彭阳县 | 海原县 | 同心县 |
|---|---|---|---|---|---|---|---|
| 灰钙土 | — | — | — | — | — | 9.83 | 57.84 |
| 占总土壤比重（%） | 97.34 | 97.96 | 97.85 | 81.8 | 94.19 | 88.17 | 90.45 |

资料来源：米楠.宁夏六盘山区经济空间结构演化与优化研究 [D].宁夏大学，2013.

## 3.3.2　社会人文因素

聚落作为人类群体出于生存的需要，本能的或半自觉的形成过程中，既表现出亲自然的倾向外，又被烙上人类文化特点，从而形成地缘式或血缘式的"自组织"的综合系统[76]，它除了受地形地貌、水文气候、土壤生物等自然因素的影响外，还受生产力发展水平、群体的经济生活、家族制度、民族关系、宗教信仰等人文因素的制约[67]。总体而言，影响西海固乡村聚落空间演变的社会人文因素有人口增长、文化习俗、经济技术、政策制度等。

（1）人口增长

聚落的形成和发展实质上是人口在地域空间上迁移和聚集的结果，且聚落空间结构也是人们的生活、生产活动在空间上的反映，故人口增长成为影响聚落空间结构的重要社会人文因素。中国传统生育文化中的"养儿防老"、"传宗接代"等封建思想，加之广种薄收的生产境况，使得西海固村民多生育、重男孩的思想严重，导致西海固乡村聚落人口快速增长（表3-9）。1949年西海固地区乡村人口总数为51.22万人，到2000年，该地区人口在十几年的生态移民工程实施的情况下还增长到117.82万人，五十年间乡村人口增长了两倍多，地区人口密度也由1949年的28.6人/km²上升到111.6人/km²。人口数量的暴增势必需要大面积耕地来保障生活，由于自然条件的限制，故聚落分布由集中向分散演化，聚落规模也呈现小型化。另外，人口增长引发的住房需求量的增加以及新住房的建设，成为聚落空间扩展的主要驱动力，也直接影响了聚落用地布局和空间形态的演变。

| 西海固地区主要年份乡村人口变化分析 | | | | | | | 表3-9 |
|---|---|---|---|---|---|---|---|
| 年份 | 1949 | 1958 | 1970 | 1980 | 1990 | 2000 | 2010 | 2016 |
| 乡村人口（万人） | 51.22 | 79.70 | 115.56 | 154.53 | 178.30 | — | — | 152.89 |
| 自然增长率（‰） | 18.79 | 21.52 | 32.76 | 27.67 | 24.13 | 20.23 | 16.76 | 12.45 |

资料来源：1990年以前数据来源于《宁夏南部山区统计丛编——八县综合卷》；1990年以后数据来源于《宁夏统计年鉴（2001年、2011年、2017年）》

（2）文化习俗

地方文化和风俗习惯对乡村聚落的形成、发展以及聚落空间结构都有着十分重要的影响。21 世纪之前，西海固山大沟深、沟壑纵横，交通极为不便，在历史不断演进的进程中，村落形成大分散分布结构，而且这一结构一经形成，不断强化，稳固不衰。村民往往"交往止于四邻，活动不出村落"，缺乏与外界的沟通和交流，久而久之形成乡村聚落内聚力强，封闭程度高，外张力差的特点。同时，这种由共同的文化维系的聚落空间结构也同样使该地区乡村聚落分散的分布格局持久不变。

另外，地方文化对农户的生计方式也有着重要的影响，继而影响到聚落功能结构、用地布局和空间形态。在西海固地区，地理区位和交通条件均较优越的乡村聚落，往往都有沿街带形密布的商铺和点状分布的集贸市场或其他专业市场，商业设施用地在聚落建设用地构成中占有较高的比重。而且，大多数农户院落都辟有牛羊圈舍，有的还设有集养殖、屠宰和贩卖为一体的养殖场。

（3）经济技术

聚落生活关系包括从生产、交换、分配到储藏和消费的整个经济活动的全过程，任何形式的聚落及其住宅建筑的产生和发展，都是建立在与之相适应的经济活动之上，服从并服务于一定的经济生活[76]。经济因素对乡村聚落空间的影响表现在产业结构以及人口的产业分布等方面。工业生产与商业活动的集中性，决定了城市聚落的空间集聚性，而传统农业所依赖的耕地资源的非集中性和农业劳作半径的有限性，决定了乡村聚落空间分布的分散性[77]。在1949 ~ 1995 年期间，西海固地区的产业结构始终以农业为主，相关数据显示，1995 年西海固三次产业构成中，第一产业为 37.43%，高出全国平均水平近 17 个百分点，第二产业只占 26.91%，低于全国平均水平 22 个百分点。三次产业从业人员占比中，第一产业占 80.55%，远高于全国平均水平，而第二产业只占 4.94%，也远低于全国平均水平。在靠天吃饭的耕种模式和肩拉背扛的落后生产方式背景下，为了保证每家都有一定的耕地面积来维持大家庭的生计问题，且还要考虑有适当的耕作半径，聚落的空间分布只能向大分散演化，聚落形态也由紧凑向松散演变，同时，聚落规模也向小型化演变。2000 年后，西海固地区进入全面退耕还林还草阶段，国家也加大了该地区生态移民的力度，农业产值比重不断下降，至 2015 年，西海固三次产业结构比例为 21.8：29.1：49.1，第三产业比重最大，但这并不是经过了工业化后形成的发达的第三产业，而主要是由于农业产值比重下降，工业比重没有相应上升，而公共服务水平的提升、旅游等产业的发展使第三产业的产值得到提升。这与东部一些省市区的由工业化发展带动第三产业崛起的经济发展路径有很大的不同[78]。所以，商业贸易、加工业、旅游业、交通运输业以及劳务输出等非农产业的发展首先引起了聚落功能组织的变化，进而影响到聚落用地布局和空间形态。

按照新马克思主义理论，空间转型与重构的本质是社会经济发展的产物，乡村聚落空间结构总是与其经济发展水平相适应。聚落经济水平会促动聚落规模的演变。通常，西海固地区经济发展水平良好的城镇，其商贸集市都比较发达，且农、工、商等多种就业机会大大吸引了周边村庄的人口向城镇集聚，使城镇人口与用地规模不断扩张，从而也影响了城镇的空间形态。从前文中关于同心县韦州镇用地空间扩展分析图就可看出，经济发展对聚落空间结构的影响之大。

另外，聚落道路交通、给排水、电力电信等基础设施技术要素的完善程度影响着聚落人口的聚集和聚落空间形态，进而影响聚落规模和结构。在西海固地区，宝中铁路沿清水河纵贯南北，南接陇海铁路，北接包兰铁路、太中银铁路，是西北地区的重要国家铁路干线，也是西海固对外联系的重要通道，与这一纵向交通主脊平行的还有京藏高速公路和101省道，共同形成规模较大的线状基础设施束，这些线状基础设施束对沿线的乡村聚落发展起到了强有力的推动作用。便利的交通条件成为聚落聚集的首选之地，这一沿线上分布有众多乡镇和村落，占西海固乡村聚落总数的近三分之一。而且这一交通沿线的乡村聚落规模相对较大。另外，交通的发展促进了聚落的空间扩展并改变了聚落的空间形态。通常，村民为了追求便利的出行条件，新建房屋大多选址于对外交通道路两侧，并沿道路纵向延展，故带状的乡村聚落较多。而且，交通通达水平还影响到聚落的规模与空间结构。以海原县为例，2015年，海原县公路密度为28.65km/百km²，远远低于51.11km/百km²的全区平均水平，特别是海原南部的山区农村，公路通达度更低，至今仍有45个行政村道路没有硬化，这些村落普遍人口规模较小，功能结构单一。

（4）政策制度

政策制度是影响西海固乡村聚落发展与空间演变的重要外部驱动因素。中华人民共和国成立以来，我国农村土地制度经历了"集体所有，统一经营"、"所有权和经营权分离"以及"集体所有,家庭承包经营的家庭联产承包生产责任制"等重大制度变革，土地制度的变革以及与之相应的生产关系的重大变化，对乡村社会和乡村聚落的发展产生了重大影响[79]。中共"十七大"以后，政府提出进一步深入推进新农村建设和扶贫开发力度。同时，各种社会保障制度、农业补贴制度、财税优惠制度向乡村地区的倾斜，也为乡村空间转型和重构提供了良好的政策环境。

政府调控对乡村聚落空间格局的影响体现在政策引导、规划调控和行政区划调整三方面[61]。宁夏大规模的生态移民、新农村建设、美丽乡村建设、农村环境整治等一系列优惠政策倾斜，对西海固乡村聚落空间分布、聚落规模、功能、结构与形态都有着重要的影响。以生态移民政策为例，自1983年起，随着国家"三西"扶贫工程的启动，宁夏先后在西海固地区实施了吊庄移民、扶贫扬黄灌溉工程移民、易地扶贫搬迁移民等政策，累积迁出100万人。乡村聚落人口的变动自然引起聚落规模、结构、形态也相应发生变化。

另外，近十年来宁夏"村村通"工程的推进，对西海固乡村聚落空间结构也产生了深刻的影响。道路交通的改善不但提高了西海固乡村聚落的可达性，也大大刺激了西海固乡村聚落的经济发展，位于银平公路（S101）的三营镇，中静公路（S202）的兴隆镇、单家集等乡村聚落凭借其优越便利的交通条件，成为周边地区的商业贸易中心。同时，一些偏远、生存环境极度恶劣的村落也逐渐向交通便利处搬迁。公路的修建、交通条件的改善，引起村落在区域位置上向交通线的变迁，这种变迁已经不是原有居住形态的局部变化，而是居住点位置的变迁，是村落大形态的变迁[80]。在聚落内部，交通便捷度成为村民住房选址的重要依据，使聚落形态呈带状、棋盘状、团块状。

综上所述，影响西海固乡村聚落空间分布、规模、功能、结构、形态的因素主要是以地形地貌、水文气候、土壤地质为主的自然环境因素和以人口增长、文化习俗、经济技术、政策制度为主的社会人文因素（图3-20）。而且为了比较同类影响因素不同属性下对聚落空间结构的影响，以宁夏为例，将宁夏南部的西海固乡村聚落与北部川区的乡村聚落进行对比分析（表3-10），就可看出不同环境因素影响下乡村聚落空间分异显著的特点。

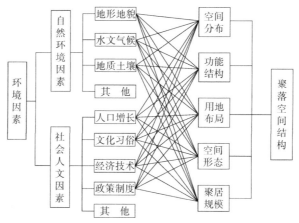

**图3-20 聚落空间结构影响因素分析图**
资料来源：作者绘制

宁夏南北地区不同环境因素影响下乡村聚落空间特征对比分析　　　　表3-10

| | 宁夏南部山区 | | 宁夏北部川区 | |
|---|---|---|---|---|
| | 概况 | 聚落空间特征 | 概况 | 聚落空间特征 |
| 地理位置 | 以固原市为中心，东南与甘肃庆阳市、平凉市相邻，西与白银市分界，北与宁夏中卫、吴忠市交界。总面积3.05万km² | 聚落地域类型有：川地型、河谷型、半川半坡型、坡地型 | 处于宁夏北部的银吴平原，区域范围包括银川、石嘴山、吴忠、中卫等4个地级市及青铜峡市等6个县市，区域面积3.35km² | 聚落大多位于黄河河谷平原，以河谷型居多 |

续表

| | 宁夏南部山区 | | 宁夏北部川区 | |
|---|---|---|---|---|
| | 概况 | 聚落空间特征 | 概况 | 聚落空间特征 |
| 地形地貌 | 海拔 1260 ~ 2954m。黄土丘陵地貌，川、塬、梁、峁、壕的地理特征。丘陵起伏，山多川少，沟壑纵横，梁峁交错 | 聚落空间形态多样，有不规则团块形、一字形、井字形、弧线形、散点式和串珠状等 | 北部为宁夏平原引黄灌区，中部为毛乌素沙地、腾格里沙漠边缘干旱风沙区 | 聚落空间形态相对单一，以团状和带形为主 |
| 水文气候 | 典型的温带大陆性半干旱、干旱气候，降雨时空分布不均，集中于 6 ~ 9 月，年均降水量在 200 ~ 500mm，蒸发量高达 1000 ~ 2400mm，无霜期短（100 ~ 150d） | 居民住房以坡屋顶为主，进深较小，聚落空间分布有亲水特征 | 典型的温带大陆性半干旱、干旱气候，降雨时空分布不均，集中于 6 ~ 9 月，年均降水量在 200 ~ 400mm，蒸发量高达 1000 ~ 2000mm，无霜期短（100 ~ 150d） | 居民住房以平屋顶为主，近些年，受西海固移民风俗影响，有向坡屋顶演化的趋势。聚落空间分布有亲水特征 |
| 经济发展 | 经济发展落后，农民人均纯入大多在 3000 ~ 6000 元之间 | 以农业生产为主的经济类型导致聚落分布分散，单个聚落聚居规模较小，空间布局松散不集约 | 经济总量占宁夏的 88.7%，经济发展水平较高，人均纯收入 8990 元 | 多元化经济类型和聚落间紧密的经济协作促使聚落分布集中，单个聚落聚居规模较大，空间布局紧凑 |
| 人文环境 | 血缘、亲缘、地缘关系浓厚。中国传统文化影响深刻，受教育水平较低，相对封闭 | 人们对生活质量还停留在较低层次的需求，对盖新房、改善交通的愿望迫切[81]，向往安全、明亮、宽敞、暖和的住房空间 | 民族融合较好，外向开放，血缘、地缘关系较弱。接受教育水平相对较高，较易接受新事物[82] | 向往良好的住区公共服务和基础服务设施配置，对住区、院落的整体景观性、交通便捷性要求较高 |

资料来源：作者绘制

## 3.4 西海固乡村聚落空间演进影响机制分析

### 3.4.1 影响因素的主成分分析

西海固乡村聚落空间发展与演变受到多种因素的影响和制约，各种因素之间存在着复杂的关系，且交互作用才形成今天的特征，为了较为客观反映乡村聚落空间演变影响因素的属性，本书以西吉县为例，应用主成分分析法对表征影响因素的指标进行分析。主成分分析是通过研究指标体系的内在结构关系，把多指标转化成少数几个互相独立而且包含原有指标大部分信息（80% ~ 85% 以上）综合指标的多元统计方法。它确定的权数是基于数据分析而得到的指标之间的内在结构关系，不受主观因素的影响；得到的综合指标（主成分）之间彼此独立，具有科学性和客观性[83]。

根据地域环境因素特征的相似性，参考相关研究成果[46][72]，选取 $X_1$ 为人口密度（人/km²）、$X_2$ 为耕地面积（hm²），$X_3$ 为牧草地面积（hm²），$X_4$ 为村庄人口规模（人），

$X_5$ 为宗教建筑周围村庄人口规模（人），$X_6$ 为农业增加值（万元），$X_7$ 为农民人均纯收入（元／人），$X_8$ 为水资源总量（万 $m^3$），$X_9$ 为乡镇企业总产值（万元），$X_{10}$ 为公路通车里程（km），$X_{11}$ 为城镇化水平（%）共 11 项指标进行分析。11 项指标中：人口密度、耕地面积、农业增加值、农民人均纯收入、乡镇企业总产值 5 项指标数据来源于《宁夏统计年鉴（2006—2016）》；牧草地面积、水资源总量、村庄人口规模、公路通车里程、城镇化水平 5 项指标来源于《宁夏城市、县城和村镇建设统计年报（2006—2016）》《西吉县经济要情手册（2006—2016）》。地方文化虽然对乡村聚落空间结构影响重大，但通常文化在空间上难以用量化指标描述，为了反映地方文化对乡村聚落空间的影响，本书选取宗教建筑周围 1km 范围内村庄人口规模作为表征指标，相关数据主要来源于西吉县宗教局提供的宗教建筑建设报批材料，将宗教建筑与西吉县乡村聚落一一对应，并结合各乡镇、村庄乡村人口统计资料进行核算。具体分析过程如下：

（1）数据获取与标准化处理

运用 SPSS 软件编程，将原始数据 11 个指标（表 3-11）进行标准化处理，得到标准化数据（表 3-12）。

西吉县样本原始指标及数据　　　　　　　　　　　　　　　　表 3-11

| | $X_1$ | $X_2$ | $X_3$ | $X_4$ | $X_5$ | $X_6$ | $X_7$ | $X_8$ | $X_9$ | $X_{10}$ | $X_{11}$ |
|---|---|---|---|---|---|---|---|---|---|---|---|
| 2001 | 142 | 72918 | 66946 | 445820 | 233539 | 18900 | 1036 | 4139 | 37793 | 964 | 5.1 |
| 2002 | 144 | 72918 | 68032 | 453324 | 239038 | 20800 | 1141 | 4158 | 33258 | 964 | 5.1 |
| 2003 | 146 | 72918 | 70594 | 456858 | 241154 | 24600 | 1264 | 5373 | 26872 | 1046 | 6.9 |
| 2004 | 147 | 116173 | 74849 | 461418 | 243948 | 30934 | 1740 | 5856 | 27646 | 1125 | 7.2 |
| 2005 | 146 | 116227 | 78483 | 456979 | 276500 | 34079 | 1740 | 4873 | 33816 | 1465 | 14.82 |
| 2006 | 166 | 100014 | 80983 | 470562 | 276800 | 40515 | 2018 | 4084 | 48741 | 1487 | 15.91 |
| 2007 | 165 | 134127 | 82630 | 478819 | 287200 | 51258 | 2342 | 4496 | 58404 | 1562 | 16.82 |
| 2008 | 165 | 144451 | 110486 | 498247 | 287500 | 61237 | 2772 | 3916 | 76383 | 1731 | 17.85 |
| 2009 | 162 | 153601 | 110496 | 415126 | 288000 | 66511 | 3019 | 3168 | 79859 | 1883 | 18.98 |
| 2010 | 162 | 163271 | 110589 | 464086 | 288000 | 84815 | 3459 | 5094 | 90220 | 2003 | 20.21 |
| 2011 | 162 | 163271 | 110591 | 467732 | 289000 | 95024 | 4018 | 3845 | 97882 | 2091 | 21.34 |
| 2012 | 163 | 163271 | 110593 | 460000 | 290000 | 106234 | 4658 | 4687 | 115806 | 2126 | 22.47 |
| 2013 | 163 | 163271 | 110603 | 458000 | 293000 | 129631 | 5303 | 7346 | 134327 | 2126 | 23.59 |
| 2014 | 162 | 162345 | 110608 | 456000 | 294000 | 135466 | 6222 | 6759 | 181349 | 2135 | 25.39 |
| 2015 | 159 | 162966 | 110666 | 425072 | 294200 | 126849 | 6857 | 4718 | 189034 | 2159 | 27.03 |

资料来源：作者绘制

**样本原始指标标准化数据**　　　　　　　　　　　　　　　　　　　表 3-12

| | $X_1$ | $X_2$ | $X_3$ | $X_4$ | $X_5$ | $X_6$ | $X_7$ | $X_8$ | $X_9$ | $X_{10}$ | $X_{11}$ |
|---|---|---|---|---|---|---|---|---|---|---|---|
| 2001 | −1.669 | −1.597 | −1.413 | −0.610 | −1.813 | −1.187 | −1.141 | −0.619 | −0.830 | −1.505 | −1.568 |
| 2002 | −1.445 | −1.597 | −1.356 | −0.230 | −1.572 | −1.141 | −1.085 | −0.602 | −0.915 | −1.505 | −1.568 |
| 2003 | −1.222 | −1.597 | −1.221 | −0.051 | −1.479 | −1.050 | −1.020 | 0.480 | −1.035 | −1.327 | −1.296 |
| 2004 | −1.110 | −0.403 | −0.997 | 0.180 | −1.356 | −0.899 | −0.765 | 0.910 | −1.020 | −1.155 | −1.296 |
| 2005 | −1.222 | −0.402 | −0.806 | −0.045 | 0.075 | −0.823 | −0.765 | 0.035 | −0.905 | −0.418 | −0.208 |
| 2006 | 1.013 | −0.849 | −0.675 | 0.643 | 0.088 | −0.669 | −0.617 | −0.668 | −0.625 | −0.370 | −0.072 |
| 2007 | 0.902 | 0.092 | −0.588 | 1.061 | 0.545 | −0.412 | −0.444 | −0.301 | −0.444 | −0.208 | 0.063 |
| 2008 | 0.902 | 0.377 | 0.877 | 2.045 | 0.559 | −0.173 | −0.214 | −0.817 | −0.107 | 0.159 | 0.199 |
| 2009 | 0.566 | 0.630 | 0.878 | −2.165 | 0.581 | −0.047 | −0.082 | −1.483 | −0.042 | 0.488 | 0.335 |
| 2010 | 0.566 | 0.896 | 0.883 | 0.315 | 0.581 | 0.392 | 0.153 | 0.231 | 0.152 | 0.749 | 0.471 |
| 2011 | 0.566 | 0.896 | 0.883 | 0.500 | 0.625 | 0.636 | 0.452 | −0.880 | 0.296 | 0.939 | 0.607 |
| 2012 | 0.678 | 0.896 | 0.883 | 0.108 | 0.669 | 0.905 | 0.793 | −0.131 | 0.632 | 1.015 | 0.743 |
| 2013 | 2.236 | 0.896 | 0.882 | 0.678 | 0.007 | 0.800 | 1.465 | 1.138 | 0.979 | 1.015 | 1.015 |
| 2014 | 1.713 | 0.871 | 0.882 | 0.566 | −0.095 | 0.844 | 1.605 | 1.629 | 1.860 | 1.035 | 1.151 |
| 2015 | −0.103 | 0.888 | 0.882 | 0.231 | −1.661 | 0.853 | 1.398 | 1.968 | 2.004 | 1.087 | 1.423 |

资料来源：作者绘制

（2）相关系数确定

将原始数据标准化处理后，运用统计软件 SPSS20.0 进行相关性分析。由式 3-3 得到相关系数矩阵（表 3-13）。

$$r_{ij} = \frac{\sum\limits_{k=1}^{n}\left(x_{ki}-\overline{x}_i\right)\left(x_{kj}-\overline{x}_j\right)}{\sqrt{\sum\limits_{k=1}^{n}\left(x_{ki}-\overline{x}\right)^2\sum\limits_{k=1}^{n}\left(x_{kj}-\overline{x}_j\right)^2}} \qquad （式 3-3）$$

**原始变量的相关系数矩阵**　　　　　　　　　　　　　　　　　　　表 3-13

| | $X_1$ | $X_2$ | $X_3$ | $X_4$ | $X_5$ | $X_6$ | $X_7$ | $X_8$ | $X_9$ | $X_{10}$ | $X_{11}$ |
|---|---|---|---|---|---|---|---|---|---|---|---|
| $X_1$ | 1.000 | 0.765 | 0.777 | 0.257 | 0.878 | 0.650 | 0.591 | −0.018 | 0.566 | 0.795 | 0.807 |
| $X_2$ | 0.765 | 1.000 | 0.944 | −0.028 | 0.909 | 0.872 | 0.828 | 0.200 | 0.777 | 0.959 | 0.917 |
| $X_3$ | 0.777 | 0.944 | 1.000 | −0.058 | 0.877 | 0.873 | 0.825 | 0.106 | 0.801 | 0.956 | 0.903 |
| $X_4$ | 0.257 | −0.028 | −0.058 | 1.000 | 0.064 | 0.152 | 0.235 | 0.078 | −0.258 | −0.081 | −0.076 |
| $X_5$ | 0.878 | 0.909 | 0.877 | 0.064 | 1.000 | 0.800 | 0.762 | 0.088 | 0.726 | 0.938 | 0.960 |
| $X_6$ | 0.650 | 0.872 | 0.873 | −0.152 | 0.800 | 1.000 | 0.980 | 0.439 | 0.960 | 0.931 | 0.920 |
| $X_7$ | 0.591 | 0.828 | 0.825 | −0.235 | 0.762 | 0.980 | 1.000 | 0.404 | 0.987 | 0.891 | 0.905 |

续表

| | $X_1$ | $X_2$ | $X_3$ | $X_4$ | $X_5$ | $X_6$ | $X_7$ | $X_8$ | $X_9$ | $X_{10}$ | $X_{11}$ |
|---|---|---|---|---|---|---|---|---|---|---|---|
| $X_8$ | −0.018 | 0.200 | 0.106 | 0.078 | 0.088 | 0.439 | 0.404 | 1.000 | 0.369 | 0.195 | 0.218 |
| $X_9$ | 0.566 | 0.777 | 0.801 | −0.258 | 0.726 | 0.960 | 0.987 | 0.369 | 1.000 | 0.855 | 0.877 |
| $X_{10}$ | 0.795 | 0.959 | 0.956 | −0.081 | 0.938 | 0.931 | 0.891 | 0.195 | 0.855 | 1.000 | 0.977 |
| $X_{11}$ | 0.807 | 0.917 | 0.903 | −0.076 | 0.960 | 0.920 | 0.905 | 0.218 | 0.877 | 0.977 | 1.000 |

资料来源：作者绘制

（3）指标特征值与贡献率确定

运用 SPSS 软件编程，将已经进行完标准化处理的 11 个指标进行主成分分析，通过分析指标之间的关系，除去那些没有明显分异作用的或相互间存在明显的线性相关关系的指标，用来确定各指标贡献率（表3-14）。从表3-14 的贡献率可以看出，前 3 项的累计值已经超过了 90%，达到了 94.512%，所以把前 3 项作为主成分因子，可以计算出各因子对于原始指标的载荷状况（表3-15）。

指标特征值与贡献率

表 3-14

| 主成分 | 特征值 | 贡献率（%） | 累积贡献率（%） |
|---|---|---|---|
| 1 | 7.925 | 72.049 | 72.049 |
| 2 | 1.390 | 12.641 | 84.689 |
| 3 | 1.080 | 9.822 | 94.512 |
| 4 | 0.225 | 2.044 | 96.556 |
| 5 | 0.198 | 1.799 | 98.355 |
| 6 | 0.109 | 0.989 | 99.344 |
| 7 | 0.039 | 0.357 | 99.701 |
| 8 | 0.023 | 0.208 | 99.909 |
| 9 | 0.007 | 0.062 | 99.972 |
| 10 | 0.003 | 0.024 | 99.995 |
| 11 | 0.001 | 0.005 | 100.000 |

资料来源：作者绘制

因子对于原始指标的载荷状况

表 3-15

| | 主成分 1 | 主成分 2 | 主成分 3 |
|---|---|---|---|
| 人口密度 $X_1$ | 0.596 | 0.706 | 0.011 |
| 耕地面积 $X_2$ | 0.948 | 0.107 | −0.027 |
| 牧草地面积 $X_3$ | 0.943 | 0.121 | −0.115 |
| 村庄人口规模 $X_4$ | −0.080 | 0.702 | 0.675 |

| | 主成分 1 | 主成分 2 | 主成分 3 |
|---|---|---|---|
| 宗教建筑周围村庄人口规模 $X_5$ | 0.327 | 0.982 | -0.052 |
| 农业增加值 $X_6$ | 0.961 | -0.224 | 0.096 |
| 农民人均纯收入 $X_7$ | 0.935 | -0.299 | 0.029 |
| 水资源总量 $X_8$ | 0.273 | -0.538 | 0.770 |
| 乡镇企业总产值 $X_9$ | 0.908 | -0.319 | -0.004 |
| 公路通车里程 $X_{10}$ | 0.987 | 0.060 | -0.063 |
| 城镇化水平 $X_{11}$ | 0.983 | 0.048 | -0.039 |

资料来源：作者绘制

（4）因子得分系数及原始变量与因子关系的定量表达

表3-14的主成分分析结果表明，耕地面积 $X_2$、牧草地面积 $X_3$、农业增加值 $X_6$、农民人均纯收入 $X_7$、乡镇企业总产值 $X_9$、公路通车里程 $X_{10}$ 和城镇化水平 $X_{11}$ 占比在主成分1作用中明显，而人口密度 $X_1$、村庄人口规模 $X_4$、宗教建筑周围村庄人口规模 $X_5$、水资源总量 $X_8$ 等影响相对较弱，说明主成分1整体反映了区域经济发展水平，故命名为区域经济发展水平因子。可见区域经济发展水平对乡村聚落空间结构的作用是最根本的，贡献率为72.049%。在主成分2中占比较大的是宗教建筑周围村庄人口规模 $X_5$，人口密度 $X_1$、村庄人口规模 $X_4$、而耕地面积 $X_2$、牧草地面积 $X_3$ 等因素相对较弱，其中主成分2中，宗教建筑周围村庄人口规模 $X_5$ 对主成分2贡献率最高，在一定程度上代表着地方文化对聚落空间结构的影响，可归为地方文化因子。整体反映了区域地方文化与乡村聚落空间结构变化紧密相关，贡献率为12.641%。主成分3在地表水资源量 $X_8$ 指标上具有较大载荷值，占据绝对影响地位，一定程度上反映了区域的自然资源丰富度，表明自然资源总量对乡村聚落空间结构演变也具有重要作用，贡献率为9.823%。

据此可将原始变量与因子的关系表达式为：

$Z_1=0.212X_1+0.337X_2+0.335X_3-0.028X_4+0.116X_5+0.341X_6+0.332X_7+0.097X_8+0.323X_9+0.351X_{10}+0.349X_{11}$

$Z_2=-0.599X_1+0.091X_2+0.103X_3+0.595X_4+0.833X_5-0.190X_6-0.254X_7-0.456X_8-0.271X_9+0.051X_{10}+0.041X_{11}$

$Z_3=0.011X_1-0.026X_2-0.111X_3+0.650X_4-0.050X_5+0.092X_6+0.028X_7+0.741X_8-0.004X_9-0.061X_{10}-0.038X_{11}$

综合结果表明，区域经济发展水平、地方文化与自然资源是乡村聚落空间结构演变的关键影响因素。其中，区域经济发展水平对乡村聚落空间结构演变起着主导作用；

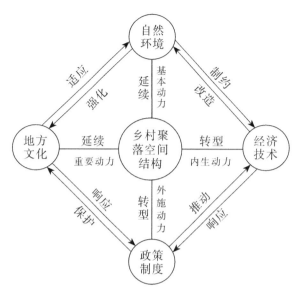

**图 3-21　乡村聚落空间结构影响因素的作用机制**
资料来源：作者绘制

除此之外，地方文化对乡村聚落空间结构演变起着重要作用，具体来说同一族群因相同风俗习惯形成统一的地方文化促使乡村人口在一定地域空间上的集聚分布；而自然资源是乡村聚落经济活动的环境本底，对乡村聚落空间结构演变起着基础性作用。

### 3.4.2　影响因素的作用机制

总体而言，自然环境是聚落形成和发展的本底环境，由于地形地貌、水文气候和土壤地质等因素自身的不可移动性和稳定性，且对聚落空间结构影响的长期性与重要性，故将其称为基本动力；而地方文化是乡村聚落形成的本质因素，对村民的经济活动与生活行为都有着重要的导向作用，从而构成独特的乡村聚落空间结构，所以将其称为重要动力；经济发展是乡村聚落空间结构发生演变的内生动力，为乡村聚落人居环境建设提供了经济支撑，使乡村聚落空间功能更为多样化，进而改变了乡村聚落的空间结构；相对经济因素而言，国家到地方的政策是影响乡村聚落空间结构演变的外部施加动力，虽无法用明确的指标表征，但诸如大规模有组织的生态移民、新农村建设以及促进区域经济发展等相关政策对乡村聚落空间分布、功能结构整合与用地布局起到了重要的调控作用，故将其称为外施动力。

就各影响因素对乡村聚落空间结构的驱动作用而言，由于自然环境和地方文化的演化是一个相对稳定、缓慢的演变过程，且对乡村聚落空间结构的影响具有长期性，故两个因素对乡村聚落空间结构特征起延续的驱动作用，而经济技术和政策制度会使乡村聚落空间结构发生较大的改变，促使聚落空间结构转型，故为转型驱动作用。

另外，影响乡村聚落空间结构演变的诸因素并不是孤立地发挥作用，而是相互交织与互动并形成合力影响着聚落的空间分布、聚居规模、用地布局和空间形态，从而使聚落空间结构在某一个时空节点上形成相对稳定的状态（图 3-21）。

## 3.5　本章小结

本章主要阐述了西海固乡村聚落形成发展、空间分布、功能结构、空间结构与空间形态的演进过程及特征，并在此基础上分析了影响西海固乡村聚落空间演进的因素及其作用机制，得到以下研究结论：

（1）西海固乡村聚落的形成发展共经历了五个时期：先秦时期的萌芽出现，秦至北宋时期的跌宕起伏，元明清时期的快速发展，民国时期的停滞倒退，中华人民共和国成立至今的恢复加速。

（2）西海固乡村聚落空间分布的演进历程与特征为：在西海固地区人地关系演变的影响下，乡村聚落的空间分布由河谷川道—浅山缓坡—山坡陡梁扩散，也促使聚落整体分布形态由集中—扩散—大分散演化。当代，西海固乡村聚落空间分布呈现的主要特征有：整体形态分散性和分异性特征显著，道路、河流的趋向性明显，低坡度、低海拔区位取向突出。

（3）西海固乡村聚落空间功能的演进历程与特征为：在历史演进与区域经济持续发展的影响下，西海固乡村聚落空间功能由均质同构向异质多元演化，主要表现在传统社会中以居住、农业生产为主导的功能向当代生活、生产、生态等多元化功能发展演化。

（4）西海固乡村聚落空间结构的演进历程与特征为：在经济发展和地方文化的影响下，西海固乡村聚落空间结构由于聚落功能结构的变化而向复杂演化。

（5）西海固乡村聚落空间形态的演进历程与特征为：在自然地理、经济技术、政策制度等多重因素影响下，乡村聚落空间形态由集聚团状向分散多样演变。当前，乡村聚落空间形态主要呈现出团状、带状、散点状三大类，一字式、条带式等七小类空间形态类型。

（6）影响西海固乡村聚落空间结构演进的因素主要有自然环境因素和社会人文因素，其中，自然环境因素包括地形地貌、水文气候和土壤地质等，社会人文因素包括人口增长、文化习俗、经济技术和政策制度等。诸因素对乡村聚落空间结构的动力机制表现为：自然环境是基本动力、地方文化是重要动力、经济技术是内生动力、政策制度是外施动力；并且，自然环境与地方文化对乡村聚落空间结构起延续驱动作用，经济技术与政策制度对乡村聚落空间结构起转型驱动作用，这四个力耦合作用于乡村聚落空间结构，推动其演化的方向和速度。

# 4 西海固典型乡村聚落空间特征与问题判识

西海固乡村聚落空间结构是当地自然环境与社会人文因素双重影响下，地方经济活动在空间上的投影。所以，在解析乡村聚落空间构成元素的基础上，剖析典型乡村聚落空间结构特征，判识乡村聚落空间结构存在的问题，为后文乡村聚落空间优化引导框架的构建与优化对策的提出奠定基础，则是本章探究的关键所在。

## 4.1 乡村聚落空间的构成要素

从聚落层面分析，聚落空间是由自然生态空间、人工物质空间和精神文化空间三部分系统组合成有机的整体[84]。自然生态空间是由聚落所处的地形、地貌、水文、气候、地质、矿产及生物等自然环境要素构成的，是人们基本的生存空间；人工物质空间则是由住宅、公共服务设施、道路广场、耕地、养殖场及工厂等要素共同构成，是满足人们居住、生活和生产等功能的活动空间；精神文化空间则是由自然山水、宗祠庙宇、牌坊碑亭等要素构成，是寄托人们强烈的精神文化诉求的情感空间。地方传统文化在形塑着聚落村民生活、生产行为的同时，进而影响着乡村聚落的人工物质空间。所以，构成乡村聚落空间的三个单元在一定的逻辑框架下，共同构筑了乡村聚落人居环境。三者中，自然生态空间是村民赖以生存的物质基础，构成村民生产、生活的基础空间；人工物质空间和精神文化空间是村民生产、生活和社会文化的空间载体，是创造物质财富和精神财富的核心空间，因而也是乡村聚落人居环境的核心组成部分（图 4-1）。

与此同时，乡村聚落的人工物质空间是村民居住、生活与生产活动的主要空间，故可细分为居住空间、生产空间及公共空间等空间单元。所以，西海固乡村聚落空间大体上由生态、居住、生产、公共四个空间单元构成，其中，居住、生产、公共三个空间单元以不同的排列、组合方式形成多样的聚落空间布局，并在不同的自然生态空间中呈现出相异的空间形态。

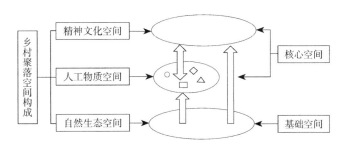

**图 4-1 西海固乡村聚落空间构成及其相互关系分析图**

资料来源：根据郭晓东.乡村聚落发展与演变——陇中黄土丘陵区乡村聚落发展研究 [M].北京：科学出版社，2013.改制

另外，如前文所述，西海固乡村聚落包括人口聚居的建制镇、乡集镇以及行政村、自然村等。在西海固地区，各乡村聚落由于自然环境和地理区位的差异，聚落社会经济和人口规模发展很不平衡，直接影响了聚落的空间构成和空间布局。总体而言，西海固地区的乡村聚落中，自然村数量最多，达 6140 个，平均人口规模仅 233 人左右，由于人口规模较小，村落的空间单元类型单一，故村落空间布局也较简单；而人口集聚的建制镇，综合职能最强，空间单元类型也最多，聚落空间布局最为复杂；介于城镇和自然村之间的行政村，甚至包括大部分的乡集镇，由于是村委会或乡政府驻地，其空间单元类型相对丰富，空间布局较为复杂。

### 4.1.1 生态空间

任何一个聚落的形成、发展和演变都是在一定地域自然环境中完成的，聚落的人工物质空间与自然生态环境之间不断交互作用，维持着人类的生存和发展，我国春秋时期著名政治家管仲曾说："地者，万物之本原，诸生之根苑也。"所以，生态空间是自然基础存在的基本形式之一，界定了人类活动的地形地貌、活动区域、地理位置等场域内容，是维持劳动主体生命活动的栖居之地[85]。因此，聚落的生态空间深深地影响着聚落的社会经济发展水平、人口规模、用地布局和空间形态。所以，中国的传统聚落追求"人之居处，宜以大地山河为主"（清代《阳宅十书》）和"以山水为血脉，以草木为毛发，以烟云为神采"（宋代郭熙《林泉高致》）的境界。聚落往往选择地势、地貌、地力和自然采光、通风、朝向条件均佳的地方进行营建，以利于生活、生产、交通和造景[84]。

西海固乡村聚落同样蕴含着朴素而深刻的自然观，这种朴素的自然观在村民的生活、生产活动中都有所体现，比如，当地村民依崖凿建的窑洞或就地取材建造的土坯房，与所处黄土高原地貌浑然一体，完全融入自然之中。而农、商、牧并重的生产方式，对于人地关系紧张的西海固地区而言更是顺应自然的智慧选择。

在这种朴素自然观的影响下，西海固乡村聚落的生态空间也是自然而然，村民尽量减少对聚落周遭环境的破坏，生活、生产活动与外围环境相依相存，尽可能在有限的土地环境中创造适宜的人居环境。在聚落空间层面，则表现为村民房舍自然相连，而与其紧邻的耕地、林地、山地则也像水中涟漪层层推开，呈现出"生活—生产—生态"三圈层，河流则从聚落边缘流过。另外，西海固村民在建房选址时自然呈现出顺应自然的做法，在沟壑纵横、梁峁交错的丘陵地区，村民建房选址往往也是选择背风向阳的山根、沟垴或坡地的平台处。这种靠山临水相居也是人们根据生存的需要决定的，尤其是背靠西山或北山，向阳御寒，营造居住环境的微气候；临近水源，便于居民的生活、生产用水。所以，聚落周围的山、水等自然环境要素共同构筑了乡村聚落的生态空间（图4-2～图4-5）。

图4-2　海原县史店乡田拐村

图4-3　同心县窑山管委会李家山村

图4-4　西吉县硝河乡集镇

图4-5　泾源县泾河源镇白吉村

资料来源：作者拍摄

## 4.1.2　居住空间

居住空间是聚落重要的空间单元之一。房屋居所，不但是西海固村民安身立命的庇护之地，而且还是村民生活起居的主要场所。通常，民宅建筑不仅受地理位置、气候特点以及经济条件的制约，而且还受当地的历史文化和人们思想感情、宗教信仰等诸多因素的影响。所以说，居住民俗是当地人们朴素的环境意识和民间文化、思想观念的具体反映。十年前，西海固地区自然条件恶劣、交通闭塞、经济发展落后，乡村聚落中村民房舍的形式主要以窑洞和土坯房为主，以西吉县为例，据 2010 年西吉县农村住房抗震性能普查资料显示：乡村聚落中有 49803 户为竹草土坯结构，占村庄总建筑面积的 64.61%，砖（石）木结构建筑共计 21466 户，占村庄总建筑面积的 31.92%，而砖混结构建筑仅占到 1.34%。近年来，随着西部大开发及国家一系列扶贫政策的不断深化，农民生活水平逐年提高，许多村民盖起了砖瓦房，且有着自河谷川道向黄土丘陵地区大面积推进的趋势。而在人口聚居的城镇中，也出现了砖混结构的多层以及框架结构的小高层居民楼。

窑洞，是黄土高原地区广泛分布的一种民居形式，通常有挖窑和箍窑两种形式。挖窑构造较为简单，一般在向阳的山坡一面，人们利用深厚的黄土层，开挖洞穴凿建；箍窑则是在平地上用土坯等材料建造的窑洞。窑洞因其建造工艺简单、费用低廉及其冬暖夏凉的特性，成为 20 世纪西海固地区普遍存在的一种居住空间形式。但窑洞也存在自然采光、通风差及空间分隔性能弱等缺陷，并且随着地区社会经济的发展，窑洞一度被当地人视为贫穷落后的象征而正走向消解或废弃（图 4-6）。

土坯房，则是在地上挖槽，石砌墙基，墙体材料则用"胡基"（用生土与柴草搅拌后再用模子制成的长方体土块）砌筑，最后在墙体表面抹泥。经济条件较好的家庭通常房屋四角的墙垛用砖砌，且墙体外表面用泥抹平后再抹一层白灰。土坯房的外墙通常砌筑厚实以阻挡冬天的寒风（图 4-7）。由于西海固地区降雨时空分布不均，房舍屋顶通常是双坡屋顶或向院内倾斜的单坡屋顶，以利雨水的排除。农户院墙通常则是就地取材，黄土版筑夯实（干打垒）而成。

近些年，改善西海固地区乡村人居环境成了国家到地方扶贫工作的重中之重，窑洞和土坯房的取缔和改造成为政府扶贫的重要内容。在"十二五"期间，宁夏六盘山连片特困地区改造危房危窑共计 17.4 万户；"十三五"期间，危房危窑改造更是成为各级村镇规划建设的重点。

砖瓦房，是近些年新农村、美丽乡村以及政府扶贫等项目实施后，西海固乡村聚落居住空间的主体建筑形式，院落主房一般都是一砖到顶、人字型钢屋架、上下圈梁、彩钢板铺顶的标配。条件富裕的家庭还在主房的正立面贴瓷砖，且在屋脊上用瓦片叠砌花型装饰，并配置鸽子的装饰物（图 4-8）。而人口聚居的城镇中，生活条件殷实的村民还建有别墅（图 4-9），这类住房功能齐全、布局合理。

高房子，是西海固地区独特的一种房屋形式，通常是在正房（少数在偏房）尽端的一间房屋上再加盖一层，据当地人讲最早是为了防御远眺或看护院内牲畜。而现在由于位置僻静，大多成了家中老人起居之室。

　　西海固地区的村落如中国传统村落，往往一村一族或一村多族。在各大家族不断繁衍、分门立户的演进中，各族群内部院落间紧密相连形成片区，不同族群居住空间则以狭窄曲折的巷道作为分隔和联系，各家族族群片区在聚落空间上便呈现出点簇状分布的居住空间。而在人口聚居的城镇，随着时代的变迁，血缘关系逐渐淡漠，地缘、业缘关系增强，逐渐形成了不同职业、宗教信仰等的混合社区。

图 4-6　海源县西安镇菜园村窑居

图 4-7　西吉县小坡村民居

图 4-8　泾源县生态移民点砖瓦房

图 4-9　同心县韦州镇居民别墅

资料来源：作者拍摄

## 4.1.3　生产空间

　　人类的一切活动均要以一定的场所为载体，而主要用于生产经营活动的场所就是生产空间，包括一切为人类提供物质产品生产、运输与商贸、文化与公共服务等生产经营活动的空间载体[86]。所以，生产空间同样是聚落空间重要的组成单元，也是保障居民生存和发展的必要条件。通常，一个聚落的生产空间是由居民的生产方式决定的，而居民的生产方式除了受该聚落所处的自然地理环境的影响外，还受居民宗教信仰、生活习俗、饮食习惯等社会人文因素的影响。所以，西海固乡村聚落的生产空间类型是自然环境与人文环境交互作用于居民生产方式的结果。西海固位于我国农牧交错地带，农业、畜牧业是乡村聚落基本的产业类型，而区位、交通优越的乡村聚落，除了农牧业外，商业贸易、交通运输、加工工业等产业就涌现出来。所以，总体而言，西海固乡村聚落产业特征是农牧兼顾、多业并举，其生产空间类型也多样。

（1）农业种植空间

干旱缺水是西海固区域环境的最大特征，该地区的农作物主要是小麦、玉米、豌豆、荞麦、胡麻、马铃薯等。通常在聚落外围靠近河流、较为平坦的地方形成以上述旱作农业为主的农业种植空间。

（2）养殖空间

历史上的西海固地处我国农牧交错带，畜牧业是主要产业，随着当地人口的不断暴增，为了生存人们开荒种地，致使畜牧业一度走向低迷。进入21世纪后，随着西海固退耕还林还草政策进一步推进，该地区以旱作农业种植为主逐步转向畜牧养殖、牧草种植和农业种植并重。所以，畜牧养殖成了西海固大多数农户的生产主业。牧业的发展不但解决了当地部分食物来源，而且还增加了家庭收入。据同心县的统计资料显示，1950年该县牛、羊的存栏数为0.46万头和13.7万只，到2014年增加至4.7万头和64.9万只，牛、羊数量分别增加了近10倍和5倍[87]。与同心县自然地理环境相似的海原县，全县有乡村农户7.32万户，其中有畜户6.57万户，占乡村户数的89.75%，有养牛户2.45万户，养羊户4.2万户[88]。而在西海固山区，每个农户养殖少则四、五头，多则十来头，养殖业已成为家家户户经济收入的主要来源之一。但总体来说，大多数村民在原始资本积累少且小富即安的保守思想禁锢下，养殖业规模均较小，以家庭养殖居多，故院落式养殖空间成了聚落生产空间的主要特征（图4-10）。只有村中个别"能人"在政府提供的优惠农业政策扶持下，在聚落边缘建起了规模较大的养殖场，形成了独立的养殖空间，如西吉县兴隆镇的玉春养殖场，占地70亩，建有牛棚14座，牛存栏200头（图4-11）；原州区三营村的丰盛养殖农民专业合作社，占地50亩，牛存栏100头、羊存栏300只。

（3）商业贸易空间

历史上的西海固是古丝绸之路东段北道的一段，沿清水河河岸有许多聚落自古就是商贸要地，故西海固地区商业贸易由来已久。另外，因为特殊的自然地貌、紧张的人地关系，迫使当地一些村民另觅出路，以贸代农，这其实也是人类应对生存环境表现出的一种人居智慧。在地理区位与交通条件均较优越的乡村聚落中，沿主要道路两侧分布有日用百货、银行储蓄、商店超市、餐饮娱乐等各类商业设施（图4-12）。部分人口聚居的小城镇还形成了商业街，如三营镇的第一、第二商业街；泾河源镇旅游商品和地方特产购物一条街（图4-13）；西吉县兴隆镇的"创业街"和"婆姨一条街"等，其中，"婆姨一条街"有个体摊点 600 多个，从业人员近 2000 人，而妇女占 80%，年成交额超过千万，在西海固地区享负盛名（图 4-14）。

图 4-10　西吉县单家集某农户养殖房　　　　　图 4-11　西吉县兴隆镇玉春养殖场

资料来源：作者拍摄

图 4-12　同心县韦州镇沿街商业　　图 4-13　泾源县泾河源镇　　图 4-14　西吉县兴隆镇的
　　　　　　　　　　　　　　　　　　　　沿街商业　　　　　　　　"婆姨一条街"

资料来源：作者拍摄

　　西海固地区的经济结构具有农、商、牧多种成份，等级较高的乡村聚落作为周边腹地的物资集散地，除了拥有沿街带状的商业店铺外，往往还有市场或雏形市场（小型的物品交换地）。而且随着社会经济的发展和经济组织的细化，除了定期的商贸集市、牛羊交易市场、活禽交易市场和农资市场外，一些自然资源丰富和经济条件良好的小城镇还拥有建材市场、煤炭市场、苗木市场和三粉市场等专业市场。通常，乡村聚落中的商贸市场大多分布在聚落主要道路上，如同心县韦州镇的农贸市场位于镇区主要干道政府路和惠灵路交叉口西南角，占地面积 5hm²，市场划分为皮毛肉类、畜禽蛋类、瓜果蔬菜、粮油、服装布匹、小吃、木器、干鲜调味品、轻工产品及其他百货等 10 个专业区，各类摊位 3729 个，集日平均上市人数为 3 万人，高峰达 4 万之众。每逢集日，镇区方圆 10km 范围内的农户从四面八方蜂拥而至，市场内外水泄不通（图 4-15）。而乡村聚落中的牛羊交易市场和活禽交易市场由于卫生防疫以及考虑减少对居民干扰等要求往往选址于聚落边缘。西吉县兴隆镇单家集的牛羊交易市场就位于村落最南端，占地总面积达 20hm²，每逢集日，可容上市牛 800 头以上、羊 1000 只以上（图 4-16）。

图 4-15 同心县韦州镇集贸市场  图 4-16 西吉县单家集牛羊交易市场

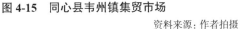

资料来源：作者拍摄

（4）工业空间和手工作坊

西海固地区资源匮乏、交通不便、原始资本积累不足，且大部分地区属于限制开发区，故区域以工业制造为主的第二产业并不发达，部分乡村聚落中的工业项目也主要以食品产业或资源依赖性产业为主，如同心县豫海镇以羊绒加工为主的梳绒厂，同心县韦州镇的煤炭工业和煤化工工业等。这些加工企业在聚落中起先呈点状分布，随着商品经济的发展，在政府的扶持和规划干预下，逐渐由点状向片状发展，如同心县豫海镇的梳绒厂，最早由多家小规模的个体私营企业构成，且靠近银平公路的羊绒交易市场分布，现已形成 35hm² 的羊绒工业园区，拥有企业 24 家，安装梳绒机 900 台，年营业收入达 20 亿元以上。除此之外，城镇中的食品加工、粮食加工、油料压榨等产业或皮张加工、刺绣、剪纸等传统手工业普遍规模较小，大多是以家庭为单位的小作坊，呈点状分布。村落中的工业项目大多是以马铃薯加工为主的淀粉厂和面粉加工厂，往往在村落边缘靠近河流、沟渠呈点状分布（淀粉制作需水量和排污量均较大，靠近河湖沟渠也主要是为了取水和排水的方便）；而小型皮毛初加工及食品加工等同样以家庭小作坊形式散布在村落中。

### 4.1.4 公共空间

乡村公共空间是指乡村社会中人们可以自由进出，进行互动的场所和组织机构，以及相对固定下来的交往模式和行为活动，包括乡村社会中的祠堂、寺庙等组织机构，也包括商店、茶馆、路口、小学等公共场地，同时还包括村民会议、红白喜事等活动[89]。村庄的公共空间是乡土社会农民获取社会资本的重要场所，也是凝聚村民社区认同的重要媒介[90][46]。按照乡村聚落空间发展的一般规律：沿着主要的道路或两条十字相交的道路聚集公共服务设施形成聚落公共空间，居民的房舍则顺应道路纵向延展，并向道路两侧横向逐步发展。同样，西海固乡村聚落的发展也遵循这一规律，大多数聚落的布局结构是由对外交通道路走向决定的，村民住宅及商业店铺最初都沿这一道路两侧建造，聚落两条主要道路的丁字路口或十字路口常常成为最繁华和热闹的地方，从而形成聚落的公共空间。尤其对于那些有国道、省道、县道等较高等级公路穿越的小城镇或村庄来说，这些公路两侧或与之相交的主要道路两侧自然成为乡村聚落的公共空间。乡村聚落公共空间的主要类型包括宗教活动空间、公共服务空间、公共管理空间和休闲娱乐空间，其中，宗教活动空间主要是寺庙，公共服务空间则主要以中、小学等教育机构和医院、卫生室等医疗机构构成，公共管理空间则是由镇（乡）政府、村委会等构成，而休闲娱乐空间则主要指广场、篮球场、小游园、公园等。

（1）公共管理空间

西海固乡村聚落的公共管理空间主要是由乡（镇）政府、村委会及其他政府管理机构构成，这些公共管理部门的设置往往根据村庄等级及村庄所处的区域位置综合考虑。通常，人口基数较大、居住集中且与其他村庄联系较为方便的村庄作为行政管理部门驻地。如西吉县兴隆镇玉桥村村委会驻地玉桥一组，下辖玉桥一组、二组、三组、四组、五组5个自然村；海原县海城镇山门村村委会设在山门村，下辖哈庄、前河、山门、杨坊岔、新庄洼5个自然村；泾源县泾河源镇冶家村一、二组集中布置，村委会就设在一、二组，并辖一组、二组、三组、四组4个自然村。除此之外，有些村庄则成为乡或镇政府所在地，如同心县韦州镇镇政府设在韦二村，下辖韦一、韦二、河湾和南门四个行政村，共14个自然村；而原州区的三营镇，镇政府驻地三营村，下辖三营、华坪梁和马路三个行政村，共12个自然村。

一般村委会驻地的村庄，其公共管理空间主要由村委会构成，且常与卫生室、文化站或助农取款服务点并置形成村庄公共空间（图4-17）；人口规模较大的行政村，村委会则还可能和小学、幼儿园等较大的公共设施一同布置。而乡（镇）政府驻地的村庄，公共管理空间类型相对丰富，如同心县韦州镇，除了镇政府，还设有工商局、税务局等行政管理机构，镇政府大楼往往和其他行政管理机构形成院落式布局，位于城镇主要道路的一侧，并和沿街商业餐饮、文化娱乐、市政管理等设施一同形成城镇公共空间（图4-18）。

（2）公共服务空间

西海固乡村聚落的公共服务空间主要是由中、小学、幼儿园等教育机构以及商店、农业银行（储蓄所）、医院（卫生室）、汽车站等构成。20世纪，西海固地区贫穷落后，终日为生存奔波的农户普遍轻视子女教育，加之居住分散、上学困难的双重影响，学龄儿童的入学率一直很低，20世纪末，15岁以上人口文盲率竟高达33.48%。进入21

图 4-17　西吉县白崖乡小坡村村委会　　　　图 4-18　同心县韦州镇镇政府

世纪，随着教育理念的普及以及新闻媒体、外出务工人员等信息流通的影响，人们对教育的重视程度逐步提高，加之迁村并点等规划整治，基本每个行政村都会设置一所小学，而每个乡、镇都会设置一所中学。如西吉县，截至 2014 年底，县域内有各级学校 420 所，其中普通中学 27 所，小学 363 所，这与全县共辖 3 镇 16 乡 8 个居委会，306 个行政村基本匹配。除了九年义务教育体制下的中、小学外，一些人口聚居的城镇，还设有专科学校，如豫海镇、韦州镇的职业技术培训学校等。而医疗卫生类公共服务设施，基本每个行政村都会设置卫生室，而每个乡、镇都会设置卫生院。如西吉县域内，共有 309 所村卫生室，25 个乡镇卫生院。除此之外，聚落等级越高，公共服务空间类型越丰富，数量也越多，大多数人口聚居的城镇，幼儿园、中、小学、医院与密布的商业店铺沿街带状布置（图 4-19、图 4-20）。

图 4-19　同心县韦州镇第二幼儿园　　　　图 4-20　同心县韦州镇中心卫生院

（3）游憩休闲空间

休闲娱乐空间属于人们精神层面的空间诉求，往往是人们拥有了一定的物质基础后对于更高层次生活的需求，是聚落社会交往的重要场所，也是反映聚落生活质量的重要方面。十六届五中全会以来，随着西海固地区社会主义新农村建设、美丽乡村建设和农村人居环境改造等项目的实施，一些村庄规划建设了集休闲、健身、宣传、集会等多种功能于一体的广场，甚至在水资源相对丰富的泾源县，一些村庄整治河道，建起瀑布、小桥，布设水车、亭廊，形成村庄小游园（图4-21、图4-22）。另外，西海固许多村庄建设有篮球场，每年春节前后，村委会联合周边村庄组织的篮球比赛已成为西海固地区的传统节庆活动，篮球场自然也成为村落重要的娱乐空间。而规模较大的城镇，还建有公园，如同心县韦州镇的康济寺塔文化生态园等。

图 4-21　西吉县单家集村庄小游园　　图 4-22　泾源县红星村广场

资料来源：作者拍摄

西海固乡村聚落公共空间除了上述空间单元外，一些乡村聚落还拥有旅游服务空间。比如，西吉县兴隆镇的单家集是一个有着光荣革命传统的村落。红军长征曾三次途经这里，1935年10月5日，毛主席夜宿陕义堂清真寺，与当地阿訇促膝长谈，宣传革命真理。至今，陕义堂清真寺北侧毛主席夜宿过的小院落成为青少年爱国主义教育基地而受到保护，单家集依托该院开展红色旅游。另外，西吉县火石寨国家森林公园及泾源县部分景区附近的村落凭借优越的地理区位发展乡村旅游（主要是农家乐形式）。但总体而言，村落中的这类旅游服务空间大多是借助村民院落附属用房，而像西吉县龙王坝这类独立的、大规模的旅游服务空间则较少，故不能单独将其归为一类公共空间单元。

## 4.2  不同类型乡村聚落空间特征解析

本节选取西海固地区三个不同等级、类型的典型乡村聚落，对其空间特征进行详细解析和归纳总结，为后文乡村聚落空间问题的判识奠定基础。

### 4.2.1  自然村聚落

小坡村是西海固地区的一个自然村，该村位于固原市西吉县东北部的白崖乡境内，西北距白崖乡乡政府驻地白崖村4km，西南距西吉县城25km。小坡村下辖4个村民小组，分别是上小坡组、中小坡组、下小坡组和南湾组。本文研究对象实际上是小坡村下辖的中小坡组所在地，属于自然村。由于人口规模在四个自然村中最大，且地理位置基本处于村域几何中心，距各自然村约2～2.5km，所以小坡村又是中心村。小坡村交通便利，202省道和沙小公路从村庄穿过，并在村内交汇呈"Y"字形。2015年底，全村人口340人，共86户，村民人均纯收入2600元，在西海固地区属于典型的贫困村。小坡村的空间特征如下：

（1）依崖临水的生态空间

小坡村地势北高南低，北边的黄土丘陵被村民称作北山梁，被修整成层层梯田，用于旱作农业种植，靠近梁脊处则种植树木林草；村落东侧有清水沟水系流经，其余水系则是雨季由山水流经，顺地势形成的间断性溪流，蜿蜒曲折，分布于整个村落外围。村民住宅则选址于北山梁的南侧，直至梁崖之下。高高隆起的北山梁对村落起到了阻挡冬季寒冷北风的作用，使聚落的生态空间呈现出依崖临水的空间特征。

（2）聚族而居的居住格局

小坡村村民主要由马、白、杨等姓氏大家族构成，形成典型的聚族而居的传统聚落空间结构（图4-23）。

院落是聚落空间构成的最小单元，也是构成聚落居住空间的主体单元。村民院落的大门朝向没有特殊讲究，以方便出行为宜。小坡村村民院墙多以黄土夯筑或砖砌筑，院落中包括正房、厢房、库房、车棚、旱厕及畜舍等，各房舍组合形式主要呈现出四种模式（图4-24）。

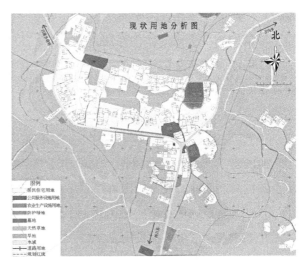

**图4-23  小坡村土地利用现状图**

资料来源：作者绘制

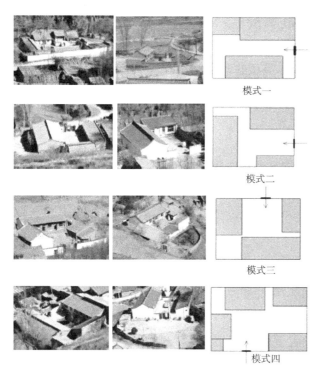

模式一

模式二

模式三

模式四

**图 4-24　小坡村村民院落布局模式**

资料来源：作者根据调研绘制

正房作为院落中的重要建筑，大多为一层双坡顶，坐北朝南，内部空间划分不明确，是村民主要的起居空间。厢房则坐西向东或坐东向西与正房呈错列垂直关系，形成围合空间，大多是一层单坡顶，主要用做厨房或存放粮食、农具的库房以及小型家庭生产作坊。部分村民院落内离正房较偏远处设牛棚或羊圈。另外，村民喜欢清洁，忌讳将旱厕设置于院落内部，故农户旱厕大多位于院落外的墙角处。

小坡村村民院落面积较大，大多在 $400 \sim 600\text{m}^2$ 之间，一方面是考虑区域气候寒冷，较宽敞的院落以利于南向的主房光照充分，保持室内温度；另一方面则是因生活和生产功能的复合决定了院落的一部分被用做养殖房或被开辟出来作为自家菜地以及铺晒粮食药材、堆放草料、放置器具等。

小坡村村民房舍主要以砖木结构和土木结构两种类型为主。其中，砖木结构房屋占村庄住宅建筑总数的 57%，大多是 20 世纪 80 年代以来建设的，建筑质量较好，使用价值较高。土木结构的住房占比 32%，大多是村民老宅，以农户厨房、仓库等附属用房居多，年久失修，破损严重，很多有倒塌危险。剩余 11% 的房屋则是一些棚屋等临时性建筑物，大多是村民圈养牛、羊的养殖用房，房屋结构损坏，属于待拆建筑。

（3）传统生计方式下的生产空间

2015 年，小坡村人均纯收入 2600 元，在西海固地区属于典型的经济落后型村庄。从小坡村村民职业构成分析图可以看出，排在前三位的是农业种植、养殖和外出打工（图 4-25），从事农业种植的村民共 212 人，占全村总人数的 51%，从事牛、羊养殖的村民共 124 人，占全村总人数的 30%；外出打工的村民 116 人，占全村总人数的 28%，以 20 ～ 40 岁的青壮年为主。另外，村民职业的兼业化特征明显，比如，以务农为主的村民中有三分之二又都从事牛、羊养殖，另有 52 人又都利用农闲外出打工。

小坡村耕地面积为 1514 亩，人均耕地面积 3.65 亩，主要种植小麦、马铃薯及玉米、胡麻等经济作物，农田主要分布在村庄四周，北部的北山梁形成旱地梯田，耕作半径较小。除此之外，像西海固大多数村落一样，牛、羊养殖成为农户主要副业，全村户均养牛 3 头，牛存栏 301 头，羊存栏 510 只，村庄每年人均牧

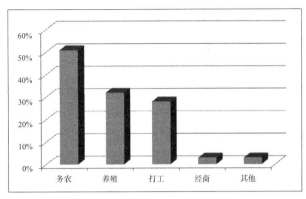

图 4-25　小坡村村民职业构成分析图
资料来源：作者根据调研绘制

业收入 1000 元以上，另外，村庄南部有民裕生态养殖合作社一个，是一处集中养殖场地，占地 2hm²，专业养殖牛、羊，年出栏牛 100 头，羊 250 只，年产值 20 万元，属于个体私营企业。小坡村由于人均耕地较少，且都为旱地，属于"雨养庄稼"，只有当雨水充足且适时的年份务农才能取得显著的效益，而牛羊养殖成本投入又高，甚至有些村民缺乏起步带动资金，所以，年龄在 20 ~ 40 岁间的青壮年则以外出务工为主，从事第二或第三产业，务工地点主要集中在区内，以银川市、石嘴山市、原州区、西吉县城居多，省外务工主要在内蒙古的包头市、鄂尔多斯和新疆等地。村内现有初级以上专业技能人才 163 人，年均输出人员 190 人次。所以，小坡村的生产空间形式主要是环绕村落四周的农业种植空间和以村民院落饲养为主的养殖空间。

（4）以小广场为主导的公共空间

小坡村的公共空间主要由村部、小学、商店、卫生室等构成。在村落中部，由 202 省道和沙小公路交汇的 "Y" 字形交叉口处有块空地，后成为一小广场，形成村落公共空间中心。

另外，如前文所述，小坡村是自然村，又是中心村，村落内设有兼为周边村庄服务的公共设施，所以，相对一般自然村而言，其公共服务设施配置较为丰富（图 4-26）。小坡村村部设在村庄南部，202 省道西侧，四周院墙围合，占地面积 1343m²。小学（包括幼儿园）设在村庄东北部、202 省道西侧，占地 5336m²，建筑面积 720m²，共设小学部 5 个班，学生总数 139 人；托幼班 1 个，幼儿总数 22 人。在村落公共空间中心、道路交叉口的东侧，卫生室、小商店、202 省道养护站相邻布置，卫生室占地面积 64m²，建筑面积 50m²，村医一名，床位 10 张，医疗条件简陋，仅能提供轻微小病的医治；小商店则提供村民日常基本生活所需；202 省道养护站，占地 530m²，其管理隶属于西吉县公路局。

综上所述，小坡村的空间特征表现为：依崖临水的生态空间；聚族而居的居住空间；

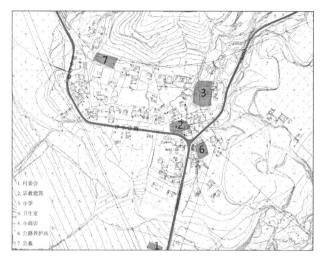

**图 4-26  小坡村公共空间构成元素分析图**

资料来源：作者绘制

1. 村委会
2. 宗教建筑
3. 小学
4. 卫生室
5. 小商店
6. 公路养护站
7. 公墓

传统生计方式下，环绕村落四周的农业种植空间和小规模的院落养殖空间；以广场为主导的公共空间。

## 4.2.2  行政村聚落

单家集是西海固地区典型的行政村聚落，该村位于西吉县东南部的兴隆镇境内，距离北部兴隆镇镇区仅 3km，距离西吉县城大约 45km。单家集是单北和单南两个行政村的合称，因村庄单姓人口居多且在历史上因其集市贸易发达而得名。该村历史悠久，至今已有数百年的历史，2005 年，单家集被评为自治区级"历史文化名村"。村庄交通便利，202 省道（中静公路）、好兴公路穿村而过。单家集的两个行政村在地理空间上并无明确界限，犹如一个大的自然村落，村庄人口共 786 户，4078 人。2015 年，农民人均纯收入 6800 元，比西吉县农民人均纯收入高出 678 元，是西海固地区经济发展水平较高的一个村落。

（1）依山傍水的生态空间

单家集位于六盘山脉西麓，发源于月亮山的葫芦河从山谷间穿越形成一片地势平坦的河谷川地，单家集就坐落在这片平坦的川地上。村落三面环山，东边的黄土丘陵山地被村民称为东山，西边同样是一片连绵起伏的山脉。两山之间、村落的西部则是蜿蜒流淌的葫芦河，丰富的水源惠泽了村落的农业和副业生产（图 4-27）。

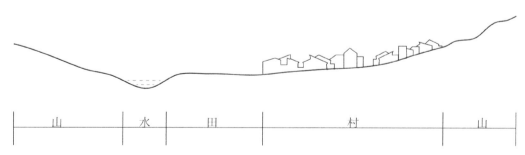

|  山  |  水  |  田  |  村  |  山  |

**图 4-27  单家集依山傍水的空间格局**

资料来源：作者绘制

（2）聚族而居的居住格局

单家集村民主要由单、摆等几大姓氏的族群构成，起初，在中国传统文化的影响下，同一宗族的家庭都集聚居住，形成聚族而居格局。后来，因为大家族不断分化，小辈另立门户以及村庄规划建设等外在因素的影响，出现了不同姓氏"插花"布局的居住格局（图4-28）。

单家集自古以来商贸发达，经济条件相对富裕，村民住房以

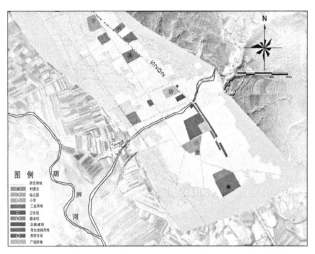

**图4-28 单家集用地布局现状图**
资料来源：作者绘制

砖混结构和砖木结构为主，房屋整体质量在西海固地区属于较高水平。其中，砖混结构的房屋占全部房屋总数的62%，大多是2005年"新农村建设"以来新建的一层双坡顶结构房屋，全部采用一砖到顶、钢屋架、上下圈梁的标准。沿村庄主要道路（202省道）两侧为二层商住楼，村民采用前店后院或下店上住的形式开展生活、生产活动；土木结构的房屋占房屋总数的29%，是村民圈养牛、羊的养殖用房、堆放农机具的库房及厕所等附属用房。9%的房屋为土坯房，大多是村民年久失修的老宅，属于危房，位于村落中部偏东居多。

单家集的民居院落类型主要有平行式、"L"形和不对称三合院式三种（图4-29）。院落大门朝向主要考虑村庄巷道的走向和方便村民出入。村庄外缘新建院落面积较大，均在400～600m$^2$，而村庄内部院落受旧居住格局限制以及新农村规划调控，院落面积相对较小，通常在300m$^2$左右。院落中的正房主要满足起居、沐浴等生活功能所需，厢房主要用做厨房、粮仓、农机具存放等，也有用做手工作坊，进行牛羊肉、皮毛、"三粉"及粮油的加工。另外，在院落拐角建牲畜圈舍和厕所等。

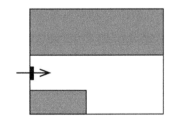 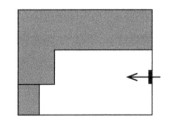 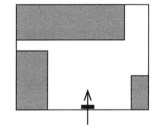

**图4-29 单家集村民院落布局模式**
资料来源：作者根据调研绘制

（3）多元化的生产空间

单家集生产空间特征主要呈现出：临河片状的农业种植空间，点簇状院落式养殖空间，沿街道带状分布的商贸空间，点状分布的集贸市场、手工作坊和工业园区（图4-30）。

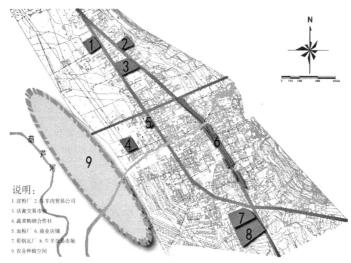

**图4-30 单家集生产空间分析图**
资料来源：作者绘制

1）片状的农业种植空间

单家集东边是黄土丘陵，过去是成片的旱作梯田，退耕还林还草政策实施后，从山脚到半山腰，种植了牧草。而村落西边，葫芦河的一级河岸阶地上，地势平坦、灌溉便利，是村庄的农业种植空间。单家集现有耕地9788亩（其中水浇地2940亩），人均耕地面积仅2.4亩，主要种植小麦、玉米和马铃薯等农作物；另外，牧草种植2968亩。由于人多地少，依靠单一的农业种植只能基本维持全村人口的温饱问题，故农业种植自古以来也不是单家集的主导产业。

2）带状的商贸空间和点状的集市空间

单家集因地处甘宁两省区六县（甘肃省静宁县、庄浪县、会宁县和宁夏隆德县、海原县、固原市原州区）的交界地带，且202省道穿村而过，优越的区位和便利的交通条件促成了单家集商贸发达的特征。穿越村庄的202省道两侧商业店铺密集，分布有餐饮副食、商品批发零售、机械维修、游戏娱乐、医疗卫生、理发、交通运输等近80家服务行业[91]，形成村庄带形的商贸空间。

除了商品零售业外，单家集的集市历史有200多年之久，是方圆数里有名的"旱码头"，每逢双日设集市，交易内容也主要是牛羊屠宰、加工、贩运及马铃薯"三粉"

等产品。单家集有两处大型集市，在村落中呈点状分布。牛羊交易市场位于村庄最南端，占地 4hm²，建筑面积 10000m²，是西北最大的村级畜产品交易市场。每逢集日上市牛约 400 多头，交易量达 360 头。上市羊 200 多只，交易量达 180 多只，该市场年上市交易牛羊 5.4 万头，交易额 1 亿元以上[92]。单家集的活禽交易市场位于村庄北部、202省道西侧，占地 0.67hm²，市场逢集日鸡鸭交易量达 500 只以上。

3）点状的手工作坊

单家集的商业经济发展模式主要是依托当地传统的商业要素和模式，即以牛羊交易和马铃薯加工为主体产业并衍生出其他行业。数据显示，2015 年末，单家集牛存栏 1900 多头，羊存栏 2100 只。年屠宰牛 3.2 万头，羊 3 万多只，牛羊肉交易量达 4万吨，年贩运皮张 6.5 万张，销售收入达 2600 多万元，人均达 3600 多元，占农民人均纯收入的 50% 以上。以马铃薯为原料制作的淀粉、粉条和粉皮，年总产值 5930 万元，实现销售收入 350 万元。另外，牛羊贩卖又带动了交通运输业的发展，村中拥有大型货运车辆 36 辆，大中型客车 13 辆。

单家集上述传统产业的经营和运行主要以家庭为单位，在村民院落中完成。比如，牲畜饲养和屠宰在庭院进行；肉类、皮毛、马铃薯、粮油的生产加工在院落中的小作坊（厢房）进行……。单家集从事牛羊养殖的专业户有 108 家，牛羊贩运户 62 家，畜产品加工作坊 73 家。而从事"三粉"加工的有 240 余家，年淀粉加工能力 500t 以上的民营企业 8 家，另外，还有 2 家从事粮油加工和面粉加工，有 40 家从事交通运输业。由于村落聚族而居及以血缘为纽带的经济合作关系，此类生产空间在村落中往往呈点状或家族式簇状分布。

在市场经济的推动下，单家集建设了集"三粉"加工、活畜交易、养殖、屠宰于一体的自治区级工业园区——单家集民族工业园区，将村庄原有发展较好的 22 家养殖户、屠宰加工户引入园区，生产品牌肉食产品，进行专业化操作。村庄经济协作关系逐步由血缘关系向地缘关系转变，在地理空间上则表现出分散的手工作坊与集中的工业园区相结合的生产空间特点。

（4）带状的公共空间

单家集的行政管理设施和公共服务设施呈组合布局形式。其中，单北村村委会与幼儿园、小学、卫生室等公共服务设施一同沿 202 省道西侧呈带状布置。单南村村委会位于村落西南部的楔形地块内，与单民小学相邻布置。

单家集的休闲娱乐空间主要有两处广场和一个篮球场。2005 年红军长征胜利 70周年之际，单家集将沿 202 省道的 21 家农户搬迁，规划建设了一处集休闲、娱乐、健身、集会等多功能于一体的民族团结广场，占地约 7200m²；另一处则是新农村建设之际，在村子东部的住区中新规划建设的广场，布置有凉亭、健身器械，面积约 400m²。

2009 年，在单家集东南部、202 省道东侧规划建设单家集幸福村庄时又新建了一个篮球场，每年春节前后，单家集组织周边三省六县区的村民开展篮球、乒乓球比赛等活动，成为村民娱乐休闲的主要场所。

总体而言，单家集拥有依山傍水的生态空间、聚族而居的居住空间与带状相连的公共空间。由于村庄经济活动的多样化，其生产空间呈现出多元化特征：片状的农业种植空间，点簇状院落式养殖空间，沿街带状的商贸空间和点状分布的集贸市场、手工作坊和工业园区。

### 4.2.3 小城镇聚落

韦州镇是西海固地区典型的小城镇聚落，该镇位于同心县东北部，距西南方向的同心县城约 90km。其东与盐池县和甘肃省环县交界，南与下马关镇相连，西与红寺堡区接壤，北与太阳山开发区、灵武市毗邻。交通便利，省道 203（惠平公路）南北贯穿镇区。2016 年，镇区辖韦一、韦二、南门和河湾四个行政村，人口共 3850 户，2.38 万人，镇政府驻地韦二村。

韦州镇历史悠久，自古便是一座军事重镇，在唐朝时被称为安乐州；北宋宝元元年（1038 年）李元昊建立西夏国时，改名韦州，设"静塞军"，成为西夏的一个政治军事重镇；北宋嘉佑六年（1061 年），又改韦州静塞军为祥祐军，建城郭，修浮屠，大兴土木，韦州首次达到鼎盛；明洪武年间，朱元璋第 16 子朱栴受封宁夏，定居韦州，至今镇区东南部还有东、西一大一小古城的城墙遗址。著名社会学家费孝通也曾说："上有河州（今甘肃临夏），下有温州，宁夏还有个韦州"，韦州镇的商业贸易发达水平，可见一斑。2016 年，韦州镇完成地区生产总值 7.5 亿元，城镇居民人均可支配收入 13600 元，在贫穷落后的西海固地区属于经济发展水平较高的城镇之一。同时，该镇先后入选全国重点镇、自治区经济示范镇、自治区第一批环境优美乡镇等荣誉称号。

（1）山环水绕、河湖相依的生态空间

韦州镇地处罗山与青龙山之间的罗山洪积扇面和韦州盆地，镇区西部的大、小罗山，山势挺拔、苍翠如染，被誉为"旱海明珠"，青龙山则与之对峙于东。苦水河自北向南临镇区东侧终年流淌，至城镇南部形成数个分支穿越镇区，将镇区呈半包围拱卫之势。镇区东南部一南一北的鸳鸯湖历史悠久，由罗山洪积扇地下水出露为泉形成，旱不浅，涝不溢，一年四季清澈见底。由山、水、湖、河等元素共同构成韦州镇山环水绕、湖河相依的自然山水格局（图 4-31、图 4-32）。

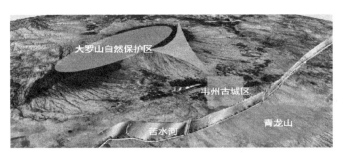

**图 4-31 韦州镇山水空间格局**

资料来源：《同心县韦州特色小镇规划（2017—2030）》

（2）分异显著的居住空间

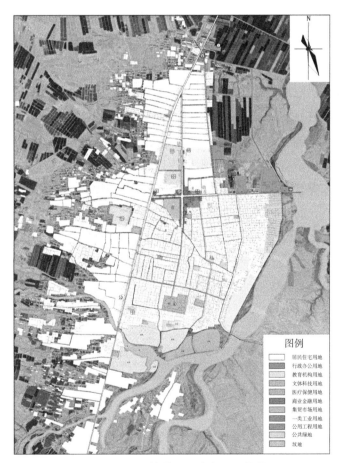

**图 4-32 韦州镇镇区用地布局现状图**

资料来源：作者绘制

韦州镇的居住空间分异显著，有年代久远的土坯房，也有设施齐全的砖瓦房，还有装修豪华的别墅。其中，砖木结构的一层砖瓦房是镇区居民住房的主体类型，占镇区住房总数的 74%，主要分布于惠平公路东侧和政府路南侧的老城区，大多是 20 世纪 90 年代前后建造的。而镇区土坯房数量相对较少，占镇区住房总数的 21%，大多是供居民存放农机具或储存粮食等用途的附属用房或居民废弃的老宅。另外，沿惠平公路两侧的部分地段和政府路以北的居民住宅则以 2 ～ 3 层砖混结构的别墅为主，是近年来镇区居民新建住宅类型，此类住宅大约占镇区住宅总数的 5%。

　　一个地区民居的建造现状与该地区的经济发达程度和当地人民的收入水平有着密切的关系，韦州镇居民的生活水平在整个西海固地区都属于名列前茅的，这一点在民居样式和院落形式上就能体现，其院落类型主要有一字式、平行式和 L 形三种，其他类型也是由这三个基本形式演化而来，主要区别在于院落中正房和附属用房的组合方式不同（图 4-33）。镇区中政府路以北的居民住房大多是 2010 年以来新建的别墅，整栋楼涵盖了居民日常起居、沐浴、做饭就餐、储藏收纳等功能，其院落主要是一字式布局，宅院中的空地通常种植花草树木；而镇区东南部的老城区内，大多是 20 世纪 90 年代建造的一层砖瓦房，院落以平行式或 L 形布局为主。通常都是面南建一排屋脊高耸的、滤水效果好的红色砖瓦房为正房，白色瓷砖贴面，室内客厅、卧室、洗澡间各空间分割明确，紧连正房建有一间耳房作为厨房，其高度和进深都小于正房；平行式院落中，正房对面一排房屋则用做仓库、车库、二毛皮制作、粮油加工或厕所等；L 形院落则是将与正房垂直的厢房作为附属用房，厢房面西或面东取决于院落大门的开启方向和院落外道路的走向。居民院落面积 200 ～ 500m$^2$ 不等，一般，镇区内部旧住区的院落通常较小，而镇区边缘新建院落面积较大，大多数村民院落中开辟一块田地，用于种植花草树木、瓜果蔬菜，既美化环境又可备生活之需。

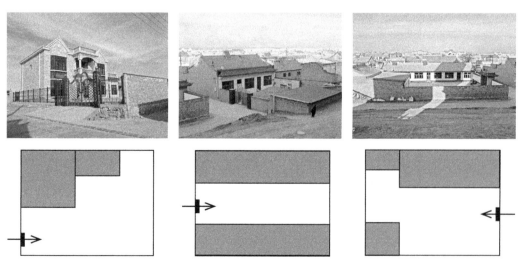

图 4-33　韦州镇居民院落布局模式

资料来源：作者根据调研绘制

（3）多元化的生产空间

2016 年，韦州镇一、二、三产业比重为 44.2 ：1.7 ：54.1。第一产业中，种植业占 19.6%，养殖业占 20.6%，政策性收入占 4%；第三产业中，建筑交通运输业占 16.1%，商品流通餐饮服务业占 20.1%，劳务收入占 17.9%。

1）四周环绕的农业种植区

韦州镇地处鄂尔多斯台地南部的高原盆地，地势较为平坦，气候特征是干旱缺水、风沙大。镇区四周环布旱作农业种植区，种植面积达 5.8 万亩，以玉米、小麦、黄花、油料、小杂粮等旱地农作物为主。

2）沿街带状的商贸空间

韦州是古丝绸之路上著名的商贸重镇，是古丝路北线东段出长安后的第二站，村民善商的习俗延续至今。镇区东西向的政府路和南北向的慧灵路两侧店铺密布，餐饮娱乐、二毛皮衣制作、机械维修、商品批发零售、理发护肤、果品蔬菜等店铺多达 350 家。另外，作为广大农村腹地的商贸集散地，市场是镇区商贸空间中不可缺少的元素。韦州镇有两座市场，一座位于政府路和慧灵路十字交叉路口的西南方向，占地 5hm²，建筑面积 5446m²，市场划分为皮毛肉类、畜禽蛋类、瓜果蔬菜、粮油小吃、服装布匹、轻工产品及其他百货等 10 个专业区，各类摊位 3729 个，集日平均上市人数为 3 万人，高峰达 4 万之众。另一座商贸批发市场——义乌小商品批发城则位于镇区东侧，政府路的北侧，占地面积 2hm²，建筑面积 1357m²，主要经营农畜产品、蔬菜果品及小百货批发零售等。

3）点状分布的养殖区

同心县的古县志即有"居民鲜事稼穑，以畜牧自雄"，牧业的发展既解决了村民部分食物来源，又提供了衣被资源，"二毛皮"就是当地的特色服饰产品。韦州草原辽阔、草质细、种类多、水质好，滩羊饲养量大，养殖业是其重要的产业类型之一，但其养殖产业的规模化和集聚化程度要远远高于西海固地区的一般村落，镇区 50 ～ 100 头（只）规模的肉牛、滩羊养殖家庭牧场上百家，其中，位于镇区北部的义刚养殖专业合作社，占地近 4hm²，其肉牛饲养量达 500 头，羊只饲养量达 4000 只。这些养殖场呈点状分布，但不同于村落以院落饲养的点式分布，而是分布于镇区边缘地带，通常与镇区都保持有一定距离。

4）片状分布的工业区

韦州镇第二产业占总产值比重虽较低，对镇区经济发展的贡献率也不高，但相比西海固其他乡村聚落"零工业"而言，其工业项目也算达到了一定规模。韦州镇域矿产资源较丰富，冶镁用白云岩露天矿储量 575.77 万吨年采矿 10 余吨玻璃、陶瓷（CD）级白云岩石，露天矿储量 143.69 万吨，年粉矿石 5000 吨，优质工业煤储量达 19 亿吨，

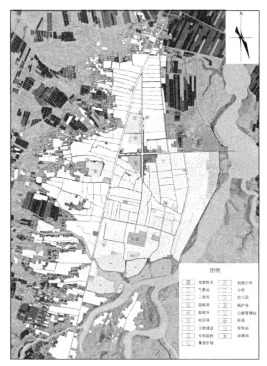

**图 4-34　韦州镇区公共空间构成分析**

资料来源：作者绘制

生产白水泥及高标号水泥的石灰石露天储量达 49 亿吨[93]。镇区工业项目也主要依托这些天然资源形成的煤矿采掘业与煤化工，建材加工与金属镁冶炼等，如金属镁厂、石料厂、预制板厂以及煤化工企业等，这些企业主要分布于镇区东部，政府路以北，已形成片区。所以，韦州镇实体产业空间主要有：四周环绕的农业种植空间、"临街经济"型商贸空间、片状分布的工业区和点状分布的养殖区。

（4）集中布置的公共空间

韦州镇区的行政办公、医疗卫生、文化教育和商务流通等公共设施主要集中分布于镇区北部（图 4-34），以慧灵路和政府路的交叉口形成镇区公共空间中心，沿政府路布置有镇政府、医院、农业银行、气象站、工商管理所等公共服务设施，而小学、幼儿园等教育设施因其服务半径的要求，布置相对分散。镇区内共有中学 1 所，小学 2 所，民办幼儿园 4 所（表 4-1），不同等级的教育设施也呈集聚布置方式，如韦州中学和韦州中心小学、星海民族幼儿园集中布置在镇区北部慧灵路的西侧；韦州第一幼儿园紧邻韦州女子完全小学布置于镇区西部；民族幼儿园位于政府路上的义乌小商品批发市场的北侧，只有韦州第二幼儿园独立布置于镇区东南部老城区内，与其他教育设施相隔较远。

| 韦州镇教育设施详细情况一览表 | | | | 表 4-1 |
|---|---|---|---|---|
| 学校名称 | 占地面积（m²） | 建筑面积（m²） | 班级（个） | 学生数（个） | 镇区分布方位 |
| 韦州中学 | 40000 | 6004 | 21 | 1544 | 北部公共中心 |
| 韦州中心小学 | 17000 | 4699 | 21 | 1021 | 北部公共中心 |
| 韦州女子完全小学 | 35494 | 5887 | 14 | 702 | 西部中段 |
| 第一幼儿园 | 3335 | 2600 | 5 | 151 | 西部中段 |
| 第二幼儿园 | 4000 | 5200 | 5 | 132 | 东南部老城区内 |
| 星海民族幼儿园 | 1000 | 600 | 3 | 90 | 北部公共中心 |
| 民族幼儿园 | 3000 | 2000 | 5 | 111 | 东部公共中心 |

资料来源：作者根据调研整理绘制

（5）游憩休闲空间

韦州镇干旱缺水，镇区娱乐休闲空间较少。2011 年，在镇区东南部以保护西夏康济寺塔等遗迹为目的建设了一处 4hm² 的生态文化园和 5000m² 的广场，突破了镇区零绿地的现状，成为镇区惟一的娱乐休闲空间。

## 4.3 乡村聚落空间问题判识

### 4.3.1 居住空间的疏离与同质

（1）居住空间的疏离化

西海固居民院落兼具多种功能，除居住功能外，还兼有牛羊养殖、庭院经济等生产功能，甚至还有庭院绿化和获取充分日照的生态功能，故院落面积普遍较大，通常都在 400m² 左右，导致聚落建设用地构成中居住用地的比重远远高于国家标准规定。如前文中的小坡村，其居住用地面积 17.82hm²，占建设用地比重为 79.26%；单家集居住用地面积 68.67hm²，占建设用地比重为 61.9%；而韦州镇居住用地 438.96hm²，占建设用地比重为 77.11%。另外，由于乡村聚落的集体土地多数为掌握在村民手中的宅基地，村集体既无土地也无权限进行开发建设，导致集体土地上的开发建设以居民自建为主，而村民家庭受生活习惯和财力所限多数采取低强度开发的形式，故村民人均建设用地通常都在 150m² 以上[94]。小坡村人均建设用地面积高达 505m²，单家集人均建设用地面积为 168.4m²，韦州镇人均建设用地 184.4m²。据有关数据显示，2015 年，宁夏全区村庄建设用地规模 1445km²，人均村庄建设用地 483m²。2010～2015 年的五年间，乡村人口减少了 30 万人，而村庄建设用地却增加了 42km²[95]，而这其中增加最多的就是村庄居住用地，达 30km²，反映出村民自建模式下居住用地开发的粗放和低效特征。

通常，紧凑度指数❶是表征聚落地物离散程度的指标之一，常用来描述聚落空间形态的聚散性状。据测算，小坡村紧凑度为 0.1，单家集紧凑度为 0.25，韦州镇紧凑度为 0.48。实际上，不同聚落中，聚落等级越高，受行政管理、聚落规划等人为因素的引导干预越多，聚落空间发展的自组织性也就越低，所以，相对而言，城镇的紧凑度较高。

另外，聚落空间景观结构、功能及其变化是人类活动直接作用的结果[31]，同一聚落不同时期的景观格局指标最能反映该聚落空间集约程度的演化特征。而空间韵律指数高度浓缩了景观格局相关信息，展现聚落斑块空间分布格局、空间邻接特征。本文选取斑块面积（total area，CA）、斑块总数（number of patches，NP）、斑块密度

---

❶ 紧凑度指数的计算公式为：$c=2\sqrt{\pi A_t}/P_t$，式中：$c$ 为紧凑度；$A_t$ 和 $P_t$ 分别为第 $t$ 年聚落斑块的面积和周长。$c$ 值为 0～1，其值越大，表明聚落的紧凑度越好，反之越差。圆是最紧凑的形态，其紧凑度为 1。

（patch density，PD）、欧几里得最邻近距离（ENN_MN）、聚集度（Aggregation index，AI）等 5 个指标，通过韦州镇 1987 ~ 2016 年间 5 个时相的遥感影像（图 4-35），借助 ArcGIS 10.1 软件，提取不同时期韦州镇区土地利用数据，进而将矢量数据格式转换为栅格数据（栅格大小 30×30），基于 Fragststs 4.2 软件中进行景观空间格局特征对比分析。由表 4-2 可知，1987 ~ 2016 年镇区斑块总面积 CA 从 326.41hm² 增加到 569.25hm²，增幅为 74.4%；斑块总数 NP 从 1987 年的 342 个增加至 2016 年的 519 个，增幅为 51.75%；镇区斑块密度 PD 和最小邻近距离 ENN_MN 呈现先减少后增加的趋势，表明镇区空间聚集度降低，聚落空间呈现出疏离化演化倾向，适时的规划引导已势在必行。

**1987 ~ 2016 年韦州镇区景观格局指数**  表 4-2

| 年份 | 斑块总面积（hm²） | 斑块总数（个） | 斑块密度（个/hm²） | 欧几里得最邻近距离（m） | 聚集度 |
|---|---|---|---|---|---|
| | CA | NP | PD | ENN_MN | AI |
| 1987 | 326.41 | 342 | 104.73 | 37.01 | 92 |
| 2005 | 501.61 | 378 | 75.36 | 33.78 | 91 |
| 2008 | 524.63 | 466 | 88.82 | 34.26 | 92 |
| 2011 | 562.42 | 511 | 90.86 | 83.61 | 91 |
| 2016 | 569.25 | 519 | 91.17 | 86.24 | 90 |

资料来源：宁夏大学西部发展研究中心李鸣骥教授提供

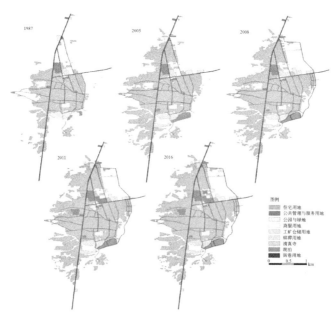

**图 4-35　韦州镇土地利用类型空间分布结构（1987 ~ 2016）**

资料来源：宁夏大学西部发展研究中心李鸣骥教授提供

（2）民居风格的同质化

在城镇化快速发展进程中，受现代文化冲击，乡村地区传统生活方式与价值观念发生改变。再加上长期以来对乡村地域建筑营建管理的忽视，传统村落风貌面临着逐渐被侵蚀甚至消失的危机[96]，民居则成为地方文化和传统风貌消退的重灾区。然而，民居是最能反映一个地方文化和聚落风貌特征的重要载体，这其中的缘由是：第一，民居是聚落构成的基本单元，民俗所建构的行为规范和习惯，都在民居的内部空间布局、建筑形式、建筑色彩和建筑构造等细节上反映出来；第二，民居又是聚落构成的主体单元，量大面广，对聚落整体面貌风格起着主导作用。曾几何时，北京城中被拆的古城墙和胡同曾让多少专家学者扼腕痛惜，其根本原因就是传统文化随同民居的拆除一起消失，老北京的风貌不复存在。

今天的西海固地区，伴随社会经济的不断发展和村民生活水平的逐步提高，传统生活方式和价值观念正在发生改变，传统聚落风貌正面临着逐渐被侵蚀甚至消失的危机。首先，窑洞和土坯房等富有地域特色的生土建筑被视作贫穷落后的象征而快速消失。其次，近年来，标准化和模块化的建设模式成为村庄建设的主导思想，乡村聚落被人为的改造为同一的社区模式。在"一视同仁"的政策待遇下，相同的建筑材料、建筑构造和施工技法使该地区新建的民居在外观上如出一辙、别无二致。即便在韦州这一历史悠久且地方文化氛围浓厚的传统地区，一幢幢欧式别墅在彰显该镇村民生活富裕的同时，也将传统民居文化遗失殆尽。所以，西海固乡村聚落居住空间也陷入低层次复制和同质化建设的困境中。

## 4.3.2　生产空间的分散与低效

生活空间与生产空间的高度复合是乡村聚落空间共有的特征，在传统农业生产模式下，农田与村落相互交织，村民就近耕种。在自家宅院屋顶上晾晒粮食、院子里种菜、堆放农具、加工粮食、饲养禽畜等，民居同时容纳生活和生产多种功能[96]。西海固地区经济具有农商兼营、多业并举的复合型特征。其农业种植、牛羊养殖和商业贸易等传统产业之间具有紧密的联系和联动效应，基本上形成一条产业链。比如马铃薯加工带动了周边农村马铃薯种植业的发展，而马铃薯加工过程形成的粉渣又是理想的牛羊饲料，从而促进了养殖业的发展，而养殖业的发展又促进屠宰业和皮毛加工贸易的发展，屠宰和皮毛加工贸易等行业的发展反过来又进一步促进牛羊养殖业的发展，且又带动剥皮、贩运、牙行（牛羊交易中的中间介绍人）等一系列产业的发展[97]（图4-36）。而这些传统行业中，除了马铃薯种植外，牛羊养殖、贩运、加工等大多是以家庭为主体的专业户经营模式运行，生产交易主要在村民院落中进行，小规模分散化经营特征显著，这正是地方文化特征的具体表现。所以，在传统农业型的西海固乡村聚落中，以牛羊养殖、贩运、加工为主的生产空间，其分散化特征十分突出。

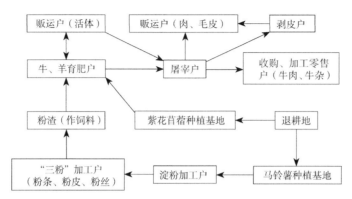

**图4-36 单家集传统产业产业链内在关联分析**

资料来源：王瑜.单家集模式探析[J].农业科学研究，2005，26（1）：50-53.

另外，以"雨养农业"为主的旱作农业种植，其生产效率的低下是西海固地区农业发展的通病。而地方传统商贸经济又有重流通、轻加工的特点，许多产品处于初级加工阶段，产品附加值低，产生的经济效益也较微薄，生产空间的低效化同样不言而喻。比如，单家集的马铃薯加工业大多为手工小作坊，生产设备简陋，制作工艺简单，产品附加值低。而当地的牛羊肉屠宰、贩运、销售等行业仍以非加工性的原料贸易贩运为主。牛羊肉加工粗放、销售简单、产品单一，经过深加工的高档部位分割肉不超过总量的10%，90%的牛羊肉仍以胴体进入市场销售，而在发达国家消费的羊肉中，90%以上都是包装精美、口感极佳、品质优良、卫生安全的冷却肉，肉制品的深加工程度已超过30%。另外，缺乏加工处理的牛羊肉容易变质，降低了原质牛羊肉的品质，使其市场竞争力大打折扣[98]。除此之外，牛羊的皮毛也处于最低端的市场收购交易，整个买卖过程中只有用工业盐对皮张进行初步的淹泡、去血处理环节，只是为了延长皮张存放时间，防止运输过程中腐烂、变质，故一张牛皮从收购到贩卖仅有15元左右的微薄利润，产品附加值非常低。而头、蹄、皮、骨、血和脏器等副产品基本上仍以原生态销售为主，据有关资料显示，每价值1元的初级农产品加工值，美国为3.72元，日本为2.25元，而我国仅为0.38元[99]。所以，西海固乡村聚落加工业的精细化和规模化无从谈起，生产空间的低效化特征明显。

### 4.3.3 公共空间的失谐与缺失

聚落公共服务设施是保障居民生活运转和生活品质的重要因素，故承载公共服务设施的公共空间成为反映聚落生活质量的重要空间。在我国突出的自上而下的行政管

控体制背景下，公共服务设施的供给与配
备通常是由政府主导完成，而我国长期的
村级集体经济崩塌和政府财政替代性投入
的严重不足，使得乡村聚落公共设施的服
务功能严重滞后，并非满足人民群众生活、
生产活动运行的诉求。另外，在少数民族
聚居地区，统一的规划模式往往惯性地将
公共服务设施沿街带状布置，忽略了少数
民族生活习惯和行为特征，尤其是与人们
生活息息相关的基层公共服务设施的布置
与当地住户的融合性和协调性极低。

（1）基本公共服务空间的失谐

中国传统聚落空间营造均具有自发
性[100]，但这种自组织行为中又蕴含着某
种规律性和合理性。在西海固村落，由于
人口规模较小，聚落空间尺度不大，通常
公共服务设施位于聚落中部且大多沿聚落

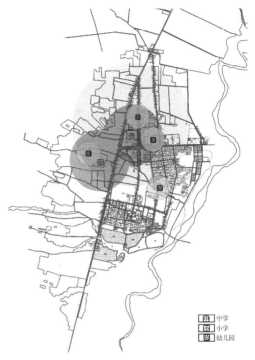

图4-37　韦州镇镇区教育设施服务半径分析图

资料来源：作者绘制

主要道路布设，所以，公共设施的服务半径合理，能够满足大多数村民的需求。但在
人口聚居的城镇，人口居住密集，而教育、医疗、卫生、公共管理等基本公共服务设
施在行政规划的干预下集中布置，且沿主要街道呈带状分布，这就造成公共服务设施
服务半径过大，尤其是居民日常频繁使用的基础教育设施问题更为突出。从镇区基础
教育设施的服务半径分析图可以看出，1所中学（服务半径1000m）、2所小学（服务
半径500m）基本聚集在镇区北部，甚至4所幼儿园（服务半径200m）同样与镇区居
住空间重心无法重合（图4-37），这就造成镇区公共空间与居住空间极不协调的结果，
势必给镇区居民的生活带来不便。而与幼儿园同属于基层公共服务设施的小商店，同
样未能与居住区结合布置，给居民生活同样带来不便，韦州的马姓村民MMH说：

"买个盐和醋还要骑上电动车到闹特特。"（宁夏方言，"那里"的意思。同时，还
用手指向镇区北部公共空间中心的方向）

（2）公益性公共服务空间的缺失

农村的公共服务设施大部分是公益性的，因此农村公共服务设施的建设自然较难
通过市场的手段来完成。目前，农村公共服务设施基本上是通过政府拨款和村经济集
体共同承担建设投资。然而，政府拨款毕竟是有限的。而经济情况较差的村，不会将
公共服务设施建设纳入本村的经济财政预算中[101]。据《宁夏2015年城市、县城和村

镇建设统计年报》资料显示，西海固乡村聚落的建设投资主要是由中央、省级、地级和县级四级财政预算资金供给，且主要用于道路桥梁、给排水，其次才是公共建筑、园林绿化和环境卫生等设施。所以，乡村经济发展水平的落后和政府财政投入的不足，以及基础设施建设费用支出带来的巨大压力，造成乡村聚落公共设施的普遍匮乏。

西海固乡村聚落的公共服务设施配置情况差异较大。相对而言，河谷川道地区，由于聚落密度高，人口集中，交通便利，无论是城镇还是村落（大多是行政村），其行政办公、文化教育、医疗卫生等公共设施配置都相对完善。而丘陵山区村落的公共设施仅仅是村委会、简易的代销店和小学等供给门槛规模相对较低的公共设施。由西吉县文化、教育、卫生空间概况可以看出（表4-3），三类设施在县城与乡镇政府驻地的配置相对完善，而在行政村仅仅配置有小学和卫生室。通常，丘陵山区的一个行政村大多由 4 ~ 5 个极为分散的自然村构成，小学的服务半径最高甚至达到 2.5km，而像初级中学、高级中学这类学校，其服务半径则更大，学生上学花费的时间更多。

西吉县乡村聚落文化、教育、卫生空间概况（2016 年）　　　　　　　表 4-3

| 文化 | | | 教育 | | | 卫生 | | |
|---|---|---|---|---|---|---|---|---|
| 类型 | 数量（个） | 分布 | 类型 | 数量（所） | 分布 | 类型 | 数量（个） | 分布 |
| 文化馆 | 1 | 县城 | 普通中学 | 27 | 县城与乡镇政府驻地 | 医院 | 28 | 县城与乡镇政府驻地 |
| 公共图书馆 | 1 | 县城 | 中等职业学校 | 1 | 县城 | 疾病预防控制中心 | 1 | 县城 |
| 艺术表演团体 | 1 | 县城 | 小学 | 363 | 各行政村 | 妇幼保健院 | 1 | 县城 |
| 文化站 | 19 | 县城与乡镇政府驻地 | 总计 | 391 | | 卫生室 | 322 | 各行政村 |

资料来源：西吉县统计局编．西吉县经济要情手册（2017）．

娱乐休闲、广场绿地的有无通常被视为衡量聚落人居环境质量的重要指标，但在西海固地区，广播电视站、农村文化室、健身路径等文娱设施大多处于空白状态。另外，因自然环境恶劣和建设资金不足，大部分乡村聚落缺乏公园、广场或小块绿地。村民休闲活动一般局限在宅前屋后，活动方式简单，前文中的小坡村村民在接受调研访谈时就曾表示，"上山找草、下地种粮"是村民主要的活动。所以，公共设施的欠缺严重阻碍了乡村聚落村民生活质量的提高和精神文明的建设。

### 4.3.4　生态空间的侵扰与破坏

近代产业革命爆发后，经济发展和环境保护始终是人类社会发展过程中相互博弈而难以抉择的一体两面。近年来，在国家到地方的多项政策倾斜下，西海固地区的工业生产、商业贸易及乡村旅游等第二、第三产业逐渐升温，生产要素的非农化使区域生态环境面临更大的挑战。而西海固严酷的生态环境人尽皆知，虽自20世纪80年代开始，在国家退耕还林草、封山禁牧、生态移民等一系列政策的实施下，严峻的生态环境得到了一定的缓解，但因区域水土资源组合严重失调，区域人地关系仍处于紧张状态。另外，区域乡村聚落市政公用设施建设长期滞后，建有污水处理厂和垃圾处理厂的乡村聚落寥寥无几。据《宁夏2015年城市、县城和村镇建设统计年报》资料显

**图4-38　单家集葫芦河支流被污染状况**
资料来源：作者拍摄

示，西海固区域内仅有10个人口聚居的乡集镇和建制镇建有污水处理厂，仅占区域乡镇总数的十分之一，而大部分村落连地下排水管网和生活垃圾收集点等基础设施都没有，仍处于"垃圾靠风刮、污水靠蒸发"的状态。

近年来，随着乡村聚落非农产业，尤其是一些初级加工业的发展，部分聚落的环境污染程度有加重演化趋向。土豆、皮毛加工过程中产生的含有铅、硝盐、淀粉、牛血的废水未经处理直接排入聚落附近的河流或沟渠，使聚落周边的水体遭到严重的污染（图4-38）；难以降解的塑料地膜、农药残留物以及生活垃圾和污水随意倾倒在临近聚落的山脚下，导致聚落周边的山体遭到破坏；土豆及冷凉蔬菜的加工和包装等环节需要消耗大量的水资源，使原本干旱缺水的境况雪上加霜，一些村庄的地下水位呈下降趋势。更有甚者，因聚落内部用地紧张，将牛羊养殖圈舍靠近山体，依坡而建，侵占聚落生态空间。

聚落内部生态环境也不容乐观，部分村庄曾在主要干道两侧修建了排水明沟，但由于工业废水的排入和生活垃圾的倾倒，早已堵塞，且夏天蚊虫肆虐、臭气熏天，严重影响村庄人居环境质量；另外，虽然政府三令五申禁止，但许多村庄还有用麦草、秸秆、晒干的牛、羊粪充当燃料的生活习惯。调研过程中，沿道路堆放柴草或占道晾晒牛羊粪的现象随处可见，不仅破坏了村庄的生态环境，也影响了村庄的景观面貌。

所以，非农产业的发展在使西海固村民生活富裕的同时，也造成了聚落生态空间

的破坏。然而作为国家限制开发区，西海固地区的生态保护意义重大，事关宁夏、西北乃至全国的生态安全。因此，必须从改变村民生活、生产习惯入手，整合聚落生产空间，加强基础设施建设，从而协调生活、生产、生态"三生"空间的关系，达到改善和保护聚落生态环境的目的。

## 4.4　本章小结

本章在解析西海固乡村聚落空间构成要素的基础上，选择三个典型乡村聚落，并对其空间特征进行详细分析。归纳总结西海固乡村聚落空间存在的问题，得出的具体结论如下：

（1）西海固乡村聚落空间由生态空间、居住空间、公共空间、生产空间等四个空间单元构成。其中，生态空间主要由山、水等自然元素构成；居住空间分异显著，村庄以砖瓦房为主，乡集镇或建制镇以砖瓦房、居民楼为主；生产空间主要由旱作农业种植空间、牛羊养殖空间、商业贸易空间、工业生产空间等构成；公共空间主要由宗教活动、行政管理、公共服务、休闲娱乐等空间元素构成。

（2）西海固乡村聚落空间特征相似相异特征显著，这与聚落规模等级、自然地理环境和社会人文环境等因素直接相关。由山、水元素构成的生态空间，既是区域自然环境特征，也是村民人居智慧的体现；居住空间分异显著，村庄主要是砖木结构的半新房和砖混结构的新房，乡集镇或建制镇以砖木结构的半新房和砖混结构的新房为主，部分聚落有砖混结构的居民楼和别墅，普遍存在聚族而居的居住格局；农牧兼具、多业并举的经济特征使乡村聚落生产空间呈现出多元化特征，而四周环绕的农业种植空间、沿街带状分布的商业空间、点状分布的集贸市场和牛羊养殖空间（村庄是小规模、院落式养殖模式，建制镇是较大规模、聚落边缘式养殖模式）是乡村聚落生产空间共有的特征；乡村聚落公共空间因聚落规模等级与聚落空间发展的历史轨迹不同，其构成元素的空间分布和完善程度存在较大差异，但沿主要道路分布是乡村聚落公共空间共有的特征。

（3）西海固乡村聚落空间存在的主要问题表现在：居住空间的疏离与同质；生产空间的分散与低效；公共空间的缺失与失谐；生态空间的侵扰与破坏。

# 5 西海固乡村聚落空间优化引导框架

乡村聚落空间结构包括聚落内部结构与聚落体系结构。聚落内部空间结构是单个聚落内部各空间单元的组合关系在地理空间上的反馈，而各种不同规模、职能的乡村聚落的空间分布结构形成了乡村的聚落体系，它是整个"社会生活所产生的空间基础"[102]。二者是个体与群体、局部与全局的关系，二者间有着紧密的互动、耦合关系，群体的空间整合必将引起个体人口规模、功能结构与空间形态的演变，进而影响到单个聚落内部空间结构，而多个聚落单体内部结构发生改变，势必影响整个聚落体系的空间结构。正如沙里宁（E.Saarinen）所说："整个宇宙，小到极微，大到无穷，都是按照下列的双重思想组成的，即既有个体，又有由个体相互协调而形成的整体。另外，我们还发现，所有生物的生命力，都取决于：第一，个体质量的优劣，第二，个体相互协调方式的好坏……。事实上，当我们研究自然界的变化过程中，就会发现'表现'和'相互协调'这两条基本的原则，……这同样适用于我们的区域和聚落"[103]。

因此，乡村问题不可能只在乡村聚落内部解决，必须从更大区域范围的协调发展中寻找解决的对策，基于区域整体范围内探索人口空间再分布的合理取向和各聚落的分工协作，然后再到单个聚落内部空间的优化整合。故针对乡村聚落空间结构的内涵，本章在明确西海固乡村聚落空间优化层级的基础上，结合前文关于聚落体系和聚落单体空间存在的问题，制定空间优化内容，确定空间优化目标，为后文探索乡村聚落空间优化的具体内容、优化模式、指标拟定打下基础。

## 5.1 乡村聚落空间优化层级

由于自然环境与历史原因，西海固乡村聚落在地域空间上总体呈现分散的分布特征。而在今天的西海固地区，当经济发展与生活水平的提高成为上至地方政府下至百姓民众共同的根本诉求时，如何提高各乡村聚落间经济协作、贸易往来和联系交往的便捷性、高效性显得尤为重要，而城乡规划政策的干预引导即是对各聚落的地域功能进行差异化重组，构成协调互补的功能结构，并形成合理有序的等级结构。另外，我国经济社会发展的阶段决定了村镇规划的视角必然是从关注个体村庄转向区域协调，从单个的镇区规划、村庄建设规划，到镇域居民点、空间等资源的统筹考虑[104]。

聚落体系空间结构优化的核心目的是从宏观层面协调各聚落的协作与沟通，形成功能互补、等级适宜、分布合理的聚落体系，促进乡村经济发展。而聚落单体空间结构优化的核心目的是从微观层面整合聚落系统各要素，使之形成良好的空间组合和组织秩序，达到聚落功能与结构相得益彰的运行状态[105]。乡村聚落单体空间优化更是促进聚落经济发展和改善聚落人居环境的出发点。所以，只有聚落单体和聚落体系两个层级实现同步优化，才能实现西海固这一贫困民族地区的乡村振兴。

### 5.1.1　聚落体系层面

从 1978 ～ 2015 年西海固地区三次产业占 GDP 的比重演化分析（图 5-1）来看，该地区第一产业比重逐渐呈下降趋势，第二产业和第三产业逐渐呈上升趋势，且 2000 年后，该地区第三产业比重远远高于第一和第二产业比重。然而，西海固传统农业地区的产业发展路径与东南沿海乡村聚落的产业发展路径截然不同，东南沿海地区乡村聚落的第三产业高升是基于工业化发展后，产业结构不断转型与调整，形成发达第三产业的结果，而西海固地区则是在国家退耕还林还草政策引导下，农业产值比重逐步下降，工业比重又没有相应上升的现实情况下，公共服务水平提升、县旅游等产业的发展促使该地区第三产业的产值得到提升。根据张京祥[102]、周国华[106]、刘自强[107]等关于乡村聚落体系演化阶段及其特征的描述（表 5-1），西海固乡村聚落体系正由初期阶段向过渡阶段演化，即聚落经济发展水平逐步提高，商业、手工业逐步发展起来，传统农业开始向现代农业转型，工业企业零星出现。聚落体系的社会分工也逐渐明显起来，商品生产和商品交换的规模较传统农业社会阶段（初期阶段）大为扩展，其结果使乡村人口大量流入城市，乡村地区的青壮年多以外出打工为主，区域经济的增长集中在区域的中心——城市，虽个别中心村出现，但空间集聚程度不平衡，在远离城市的边缘地带发展落后，聚落体系空间结构不稳定。

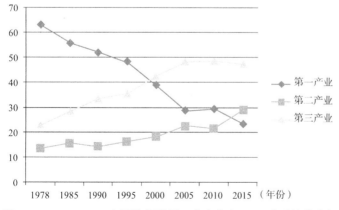

**图 5-1　1978 ～ 2015 年西海固地区三次产业占 GDP 比重演化分析**

资料来源：作者绘制

乡村聚落体系演化阶段与特征　　　　　　　　　　　　　表 5-1

| 演化阶段 | 产业特征 | 聚落功能 | 聚落间联系 | 聚落体系空间结构特征 |
|---|---|---|---|---|
| 初期阶段 | 传统农业为主，手工业初见雏形 | 居住功能占主导，伴随传统农业生产功能 | 相互联系较弱，构不成等级关系 | 稳定。各聚落相对对立、封闭，处于互无联系的"平衡"状态 |
| 过渡阶段 | 传统农业开始向现代农业转型，农业发展基础上的商品生产和交换逐渐活跃 | 居住、农业、商业贸易等 | 相互联系较弱，区域经济向区域中心城市集中 | 不稳定。部分乡村要素开始向城市流动，城市对乡村的辐射作用加强，呈现出"核心—边缘"结构倾向 |
| 发展阶段 | 产业多样化发展，农业现代化程度提高，工业长足发展 | 居住、生产、服务等多功能汇集 | 协作加强，联系紧密 | 不稳定。村庄互动关系加强，乡村要素向城市流动频繁，城市反哺乡村，呈现多核心结构，城乡一体化趋势明显 |
| 成熟阶段 | 以生产性服务业为主，出现高科技、信息化产业 | 居住、生产、粮食安全、生态保护、文化传承 | 相互作用、相互依赖 | 稳定。城乡要素双向流动，构成互动网络体系，处于有机"平衡"状态 |

资料来源：根据张京祥、周国华、刘自强等相关研究整理绘制

　　所以，西海固乡村聚落体系结构优化的重点在于：根据乡村聚落间紧密的经济协作关系与文化属性，重组和整合聚落功能结构，重构和优化聚落空间分布，重塑和培育乡村组织核心，从而实现乡村居民居住的适度集中，乡村公共服务设施的经济效益与乡村产业布局的合理组织，达到促进区域经济发展和创造良好人居环境的终极目标。这就需要在城乡统筹、整体规划、可持续发展理念的指导下，通过科学的空间规划、合理的引导措施，使西海固人口聚居的城镇型聚落和乡村聚落同步优化、联合发展，形成一个集约高效的聚落体系结构。

## 5.1.2　聚落单体层面

　　相对聚落体系层面，聚落单体层面的空间优化指的是对单个聚落内部空间结构的优化，其重点是各类型空间的比例关系与空间组合。科学合理的聚落空间结构可以产生良好的经济效益、社会效益和环境效益，使聚落土地资源效益最大化，社会资源利用高效化。

　　法国社会学家亨利·列斐伏尔曾说道："如果未曾生产一个合适的空间，那么'改变生活方式'、'改变社会'等都是空话。"[108] 所以，要想改善西海固乡村聚落人居环境质量，应在生态文明、人地共生等理念指导下，转变生产方式、整合空间功能，控制聚落规模。对聚落的生态空间、居住空间、生产空间与公共空间进行调整与优化，通过加强生态空间的保护，完善公共设施的配置，提高生产空间的集聚，强化地方文化景观的塑造，创造一个真正"生态空间山清水秀、生产空间集约高效、生活空间宜居

适度"的良好人居环境。

## 5.2 乡村聚落空间优化内容

乡村聚落空间研究是对乡村聚落的地域空间属性特征的表达与规律探寻，其内容包括乡村聚落的空间功能、空间过程、空间结构、空间尺度等方面。乡村聚落空间的有机更新，包括空间功能的整合、空间结构的优化、空间尺度的调控等[64]。西海固乡村聚落空间优化，旨在改善乡村聚落人居环境质量，满足村民生活生产需要，促进地方经济增长，实现区域可持续发展。在聚落体系层面，依据聚落不同地理区位和社会经济发展水平，通过聚落职能分工定位，促进聚落间的经济协作；通过聚落体系空间结构优化，实现聚落群体结构的有机"平衡"；通过聚落间距离尺度控制，提高聚落间的沟通协作的便捷性和高效性。而聚落内部空间的优化，则是遵循村民居住、消费、就业、社会交往等空间行为的习惯与方式，通过各类型空间要素的功能整合，实现村民生活的舒适性与方便性；通过空间布局优化，实现生产、生活、生态空间的共生融合；通过空间规模控制，提高公共设施配置的经济性和村民使用的便利性，同时，实现聚落土地利用的集约化与高效性。

### 5.2.1 功能结构整合

西海固乡村聚落空间优化必须与产业发展、社会事业规划相结合。区域层面的空间功能整合要在合理安排乡村聚落体系空间组织的基础上做好各聚落的产业职能分工与各级公共服务设施的合理配置，以促进地方经济发展和满足村民的多元化社会需求。而聚落层面的空间功能整合则是对聚落空间构成要素作科学调整与补充，合理集中农业用地，使农业向规模化、集约化发展，以保障村民基本生活功能；按照聚落的资源禀赋，确定聚落主导产业类型，针对产业驱动型功能相应作出生产空间的科学规划与调整，以提高村民经济收入；另外，植入保障村民生活品质的休闲、游憩、交往等功能，全方位创造一个良好的人居环境。

（1）聚落体系层面

1）优化聚落体系空间组织

西海固地区的自然环境禀赋及其在国家主体功能区划中的定位，注定该地区乡村地域发展不可能走大规模工业化道路，而是必须在保障农业健康发展的基础上大力推进农业的商品化以及乡村旅游与服务业等第三产业的发展，而第三产业是一个劳动密集型和协作密切关联的产业集群，这就需要构建一个层级分明、功能互补、协作紧密的聚落体系空间组织。目前，西海固乡村聚落主要由建制镇、乡集镇、行政村、自然村等层次组成，而且各等级聚落在数量上呈现出金字塔式的层级关系，即等级越高，数量越少；等级越低，数量越多。规模较小、功能不全是所有乡村聚落共有的特征，而分布分散、相互间联系不紧密又是聚落体系存在的问题。

弗里德曼最早在其代表性著作《区域发展政策》（1966）中提出了核心—外围理论（Core-Periphery Theory），并在其代表性论文"极化发展的一般理论"（1972）中对其作了进一步的论述。该理论试图解释一个区域如何由互不关联、孤立发展演变成彼此联系、发展不平衡，又由极不平衡发展为相互关联的平衡发展的区域系统[109]。弗里德曼指出这个以核心—外围为基本结构单元的区域空间结构随发展水平的不断提高是不断发展变化的，他将不同的经济发展阶段与空间过程之间进行综合，建立了对应的模式（图5-2）。

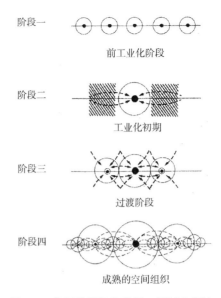

**图 5-2　弗里德曼经济发展—区域空间演化相关模型**

资料来源：陶松林，张尚武.现代城市功能与结构[M].北京：中国建筑工业出版社，2014.

诚然，西海固地区不可能走工业化发展道路，但借鉴弗里德曼的理论思想，在区域经济不断发展的各阶段，积极引导聚落群体空间系统向协调、平衡状态演化。

2）优化聚落体系功能结构

一个相互关联、平衡发展的区域系统必然是由职能各异的聚落群体构成。在聚落职能调整规划时，应根据聚落各自的地理区位与资源禀赋，形成"综合型—专业型"的功能结构聚落体系。其中，综合型聚落为乡村居民提供各种形式、各个层次的易于接近的服务，强调的是其功能结构的完整性和较高的辐射性，这往往需要较高等级的聚落担当，而专业型聚落的职能则突出的是其技术性与独特性，可以由众多较低等级的聚落根据各自特色因地制宜制定。而这一相互紧密衔接的聚落体系最终形成稳定的地域职能一体化空间组织秩序。

3）优化聚落体系服务层级

与生活生产息息相关的公共服务设施应根据聚落等级差异形成合理的服务层级，结合构建的聚落体系空间组织推进服务设施全域化布局，以保障乡村地域居民不同服务层级的需求。可以依据公共服务设施所承担职能和服务地域范围的不同，将不同等级设施进行分层，形成各级中心，通过层级构建，完成层级网络布局规划。规划结合聚落人口规模与服务半径要求下的用地指标平衡、人均指标平衡、规划总量控制等各项设施配置标准[110]，完成各级聚落的具体配置，最终形成多元分异供给的服务设施网络。

（2）聚落单体层面

空间功能复合是乡村聚落中普遍存在的现象[111]。早期，"日出而作，日落而息，躬耕田畴"的生活模式下，乡村聚落空间呈现出单纯的农业生产与生活居住功能的复合，随着社会经济的发展与转型，工业生产、商贸服务、娱乐休闲、旅游观光等功能不断涌现，乡村聚落空间复合的功能越来越多。西海固地区乡村聚落经济发展水平差异较大，但总体来说，大多数自然村，其空间功能复合主要体现在生活与生产功能的高度复合，以院落饲养为主的养殖空间，以及与院落交错相接的农业种植空间，都反映出这一特点。而行政村、乡集镇、建制镇相对而言，其工作、商贸、娱乐、交往、游憩等相结合的生活模式注定其空间呈现出多功能复合特征。

合理的功能复合能给村民的生产生活带来方便，增加空间的活力，有利于公共生活，能培养出良好的邻里关系，同时对土地的集约利用也具有积极意义。但是，某些功能的复合在带来方便和活力的同时，也会产生诸多问题，如卫生问题、安全隐患等，且某些功能的复合也不利于劳动分工，限制了规模经济的发展。而且，随着社会经济的不断发展，村民经济水平的提高、生活方式的改变以及对良好人居环境的诉求，部分空间的功能已经出现了分化。在这种趋势下，村庄复合型空间的复合内容、复合程度和复合方式需要进行适应性地调整，需要根据不同的需求进行功能提升、功能整合和新功能融入等类型的村庄空间重构[112]。所以，西海固乡村聚落内部功能结构整合，即是将不同功能类型的空间元素，按照村民生活习惯和生产特征进行调整与优化，根据村民基本的生活需要，保障基础性功能；根据村民经济发展的诉求，融入产业驱动型功能；根据村民社会交往需求，植入高品质功能。总之，通过村民不同精神需求层级，整合不同类型功能，从而改善聚落人居环境。

## 5.2.2 空间布局优化

（1）聚落体系层面

西海固乡村聚落分布的分散化与规模的小型化，不但造成了区域土地资源的巨大浪费，而且也影响了乡村基础设施建设和公共设施配置的经济性和效益性，还造成了地方财政投入的低效，甚至浪费，比如，地方政府每年虽然花巨资为分散的村庄修建道路，但由于村庄零散小型而无法配置公共设施，且某些地方水资源欠缺根本无法敷设给水管网，同样无法从根本上改善乡村人居环境。西海固乡村聚落体系层面的空间布局优化即是按照聚落等级、现状条件，保留中心村、整合空心村、撤并小散村、搬迁移民村、改造留守村，科学、合理引导大量分散、小型村庄集中发展，促进人口在区域内的合理分布，减少村庄建设用地总量，改善农村居民生活条件，提高服务设施水平，实现基础设施共建共享[113]，使各级聚落形成规模等级有序、功能结构合理的聚落体系，促进区域聚落体系的统筹安排与协同发展，并最终促使乡村聚落走上生产发展、生态良好、生活富裕的道路。

（2）聚落单体层面

按照吴良镛院士提出的"人居环境科学"理论，人居环境是由自然、人类、社会、居住和支撑等要素构成的复杂系统[114]。而系统作为借助关联和反馈机制形成的一群个体组成的集合[115]，具有整体性、综合性、层次性、结构性、动态性以及与环境的联系性等重要特征[116]。系统整体的性质、特征和功能存在各要素的相互联系与相互作用之中，而决不是各要素性质、特征和作用的简单叠加[117]。因此，聚落空间问题的产生也是因为系统内部各要素组织协调不良造成，以西海固乡村聚落空间问题为例，地方文化与经济发展特征造成的聚落生产空间的低效和土地的不集约，引发了生态空间一定程度上的侵扰和破坏；政府主导下的公共设施配置又与分散的居住空间不相协调，导致村民的生活不便。同样，解决聚落空间问题、实现聚落系统高效良性运转，需注重五大系统要素的有机协同，使之形成"五元协同效应"。这就需要构建一个组织合理、有机协调的聚落空间布局，保障聚落集聚效益以及聚落构成要素关系的合理性和运营的高效性。

如前文所述，西海固乡村聚落空间构成要素根据相应属性可进一步细分，由于西海固村民农商并重、多业并举的经济特征，乡村聚落生产空间可细分为农业空间、商贸空间、手工作坊和工业空间；公共空间根据不同属性又可分为公共管理空间、公共服务空间、宗教活动空间和游憩休闲空间。西海固乡村聚落内部空间优化旨在改善村民人居环境质量，重点在于协调生活空间与生产空间，保护农业空间与生态空间，完善公共服务空间，拓展休闲游憩空间，强化地方文化景观空间。按照国家对于乡村聚落"生产集约高效、居住宜居适度、生态山清水秀"的整体要求，乡村聚落空间优化应通过各空间要素的合理布局和有机组合形成最佳布局模式（图5-3），最终实现聚落生产、生活、生态空间共生融合，宗教、游憩、服务空间有机融合，居住、农业、商贸空间协调融合的终极目标。

## 5.2.3  尺度规模调控

各聚落之间的距离尺度和聚落单体的规模大小直接影响着居民生产协作和生活的方便程度。聚落体系空间尺度调控主要是通过聚落之间距离尺度控制，提高聚落间的沟通协作的便捷性和高效性。而聚落层面，针对区域特点，土地生产力相对较低，尤其是土地农业生产力低下，如果聚落规模过大，必然使居民生产生活活动的半径相应更大，不利于生产和方便生活[118]。而聚落规模过小，又无法满足医疗、教育等公共设

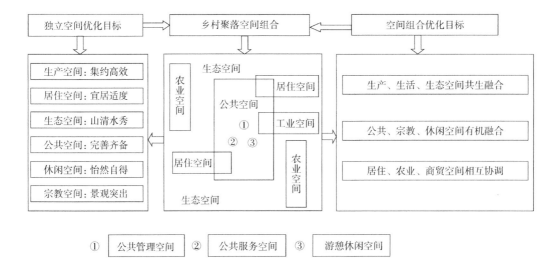

① 公共管理空间   ② 公共服务空间   ③ 游憩休闲空间

**图 5-3　乡村聚落内部空间布局优化示意图**

资料来源：根据唐承丽，贺艳华，周国华，等 . 基于生活质量导向的乡村聚落空间优化研究 [J]. 地理学报，2014（10）：
1459-1472 改绘

施配置的经济性和效益性，进而影响人居环境质量。所以，合理的聚落规模不仅可以提高乡村居民日常出行的便捷度、公共设施利用的便利性及其建设的经济性，同时还可以实现聚落土地利用的集约化与高效性（图 5-4）。

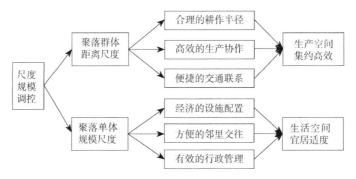

**图 5-4　聚落空间尺度调控的影响机制分析**

资料来源：作者绘制

（1）聚落体系层面

聚落体系层面的空间尺度指的是聚落间的空间距离，是表征聚落空间分布形态特征的重要指标。适度集聚的聚落体系是区域经济协作和整体协调发展的基础与保障。在西海固地区，受自然环境、社会经济等多重因素的影响，乡村聚落空间分布十分离散。分散的村落使村落间的联系较为困难，同时又使农业经营和土地经营进一步分散，这样一来，农业的规模化、产业化和现代化无从谈起[113]，区域经济发展自然落后、迟滞。

另外，分散小型的聚落难以满足公共设施和基础设施配置的经济性和效益性。当聚落缺失相关公共服务设施和基础设施时，改善聚落人居环境则成了一句空话。西海固乡村聚落体系空间尺度调控即是基于乡村聚落间距离影响因素的分析，尝试提出适宜的距离参数，通过规划适时引导，选择适宜集聚发展的聚落，促进其周边分散的、小规模的自然村人口合理、有序转移，形成相对较为紧凑的聚落分布形态，从而达到乡村聚落体系空间优化的目的。

（2）聚落单体层面

聚落单体层面的空间尺度指的是聚落规模，包括聚落人口规模和用地规模，通常以人口规模来描述。适度的聚落人口规模，是提高聚落公共服务设施配置的经济性和效益性的前提，也是保障居民生活便捷性和舒适性的关键，更是保护山区生态环境的根本出发点，正如李鸣骥博士通过对同心县韦州镇城镇化过程与区域环境变化之间关系的研究得出结论：在干旱与半干旱区脆弱山地生态环境下，人类对环境的干扰是一种更剧烈的环境退化放大效应的驱动力。这种驱动作用超出环境的承载阈后，所造成的环境破坏是难以人为修复与重建的[119]。

西海固沟壑纵横、梁峁交错，支离破碎的地貌特征造成了乡村聚落分布的分散性特征，尤其是自然村庄的分布更加离散，"小、散、多"是其分布的主要特征，自然村平均人口规模仅233人。西海固地区人多地少的环境压力未能改变农村居民对土地粗放使用的状况，生产与生活功能的复合，使得每家宅基地面积在200～600m²之间，且布局较为松散，土地资源浪费严重。由于村庄小、数目多，各村庄中文化、教育、卫生、服务、市政、交通等设施普遍缺乏，村庄功能不全、自我服务能力低下，村民生产、生活的绝大部分需求必须依托集镇、镇区才能得以满足[113]。所以，在人口相对聚居的聚落中，根据现有公共服务设施配置情况，选择确定中心村，并根据公共服务设施配置的门槛要求以及乡村聚落现状规模等影响因素的综合考虑，确定中心村的人口规模是聚落单体规模尺度调控的重点。

## 5.3　乡村聚落空间优化目标

西海固乡村聚落空间优化的根本出发点是改善聚落人居环境，满足村民生活生产需求，促进聚落乃至地区经济发展，使该地区走上可持续发展的道路。这就需要基于西海固地区生态环境承载阈值范围内考虑区域人口的再分布与聚落的空间整合，考虑区域经济结构调整与聚落适宜性经济模式的选择，并逐步提升该地区的各层级的社会服务功能，以提高村民生活质量和满足村民生产需求。所以，乡村聚落空间优化应本着保护生态环境、推动经济发展、保障社会提升的基础上传承地方优良文化传统，达到"经济、生态、社会"三方共赢。故乡村聚落的空间优化应实现"生态环境保育、特色产业培育、社会服务提升、地方文化传承"四大目标（图5-5），并进一步落实到聚落空间层面。

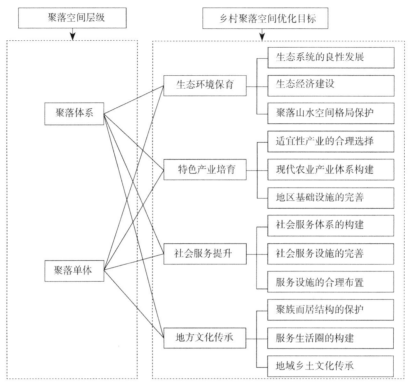

**图5-5 西海固乡村聚落空间优化目标体系**
资料来源：作者绘制

### 5.3.1 生态环境保育

生态环境脆弱是西海固地区的基本特征，也是制约该地区可持续发展的重要原因。西海固乡村聚落空间优化应将生态保育放在首位，创造生态良好的人居环境，实现人与自然的和谐共生，这既是国家将西海固列为全国重点生态环境建设试点区的原因，也是西海固人地关系演进历程带给我们的经验和教训。按照生态承载力理论的观点，生态承载力具有客观性，在特定环境和特定状态下，资源的供给能力、环境的容纳能力和生态系统的自我调节能力都是特定的，人类的建设活动要在生态承载力阈值允许的范围内进行；生态承载力是动态变化的，生态平衡是自然系统的相对稳定状态，人类过度开发会打破这种平衡，但是系统则会自动调节直到建立新的平衡，但是平衡的状态已经发生了变化；生态承载力也因生态系统层次性而表现出多层特性，同一层次的系统是相对稳定的，不同层次的生态承载力则不同。要保持生态系统的稳定必须把调控力放在较宏观的层次上进行规划与管理[120]。所以，区域层面的生态环境保育的根本目标是确保区域的生态安全与生态平衡。而乡村聚落层面生态环境保育的目标则是保护聚落原有的山水生态格局，改变落后的生产、生活方式，形成绿色发展方式和生活方式，使聚落走上可持续发展的道路。

具体而言，区域层面的生态环境保育目标应包括以下几个方面内容：①控制人口数量，合理组织实施生态移民工程，将西海固不适宜生存地区的人口迁移至区域生存环境较好地区或宁夏北部的引黄灌区，使区域人口承载力在生态环境允许的阈值范围内。②促进生态系统的良性发展。运用生态学原理改善和调节生态系统内部的各种不合理的生态关系，提高系统的自我调节能力，逐步建立和形成良性发展的新的生态系统，从而提高生物的产出量、土地的生产力和承载量，实现人口、资源、环境的协调[121]。③依据生态经济原则，兼顾生态效益、经济效益和社会效益，使经济活动与生态环境相统一，实现生态系统良性循环下的经济发展，而没有经济效益的生态建设也是不可持续的。必须处理好开发与保护之间及农林牧副各业之间的关系；必须有限度地开发利用资源，以保持资源增长量和开发利用量之间的平衡；必须从长远利益和整体利益考虑，把经济建设和生态建设纳入同一个轨道上来[122]。

乡村聚落层面的生态环境保育目标则是：①保护聚落山水空间格局，维持原有的山、林、村、田、水的乡村生态格局和田园化乡村景观特色；②合理安排居住、种植、养殖的关系，让乡村聚落生态系统内部循环；③积极利用新型能源，形成乡村生态的循环链[123]。④适度加快地区城镇化进程，吸引资金、技术和农村多余劳动力转移，促进二、三产业发展[124]。

## 5.3.2　特色产业培育

西海固乡村聚落空间优化必须与乡村产业发展结合起来，这既是实现乡村聚落空间优化的重要动力保障，也是村民的根本生活诉求，更是国家到地方各级政府实现乡村振兴战略的重要途径。西海固七县区中，除了原州区，其他均属于宁夏的限制开发区范围，基本没有继续通过工业化来实现县域经济提升的可行性，因此，未来这些地区只能通过发展特色农业、旅游业来带动经济发展[78]。

所以，培育特色产业的目标应包括：①因地制宜选择适宜的产业类型，使聚落体系层面形成产业职能互补、经济协作互动的局面，提高生产要素的流动，从而达到提高经济发展水平的目的；②坚持质量兴农、绿色兴农，加快构建现代农业产业体系，加强对农产品、畜产品的深加工，延长产业链，提高农业创新力、竞争力和全要素生产率。推动生态旅游、乡村旅游的发展，引领绿色发展道路；③完善基础设施，对交通、电力、通信、文化教育、医疗卫生等设施逐步进行完善，提高聚落间经济协作的效率和效益。

### 5.3.3 社会服务提升

作为限制开发区域，西海固地区不可能走依托工业化实现地区发展的道路，这就需要大力发展第三产业，提高该地区的公共服务水平和基础设施水平，在满足当地人生活需求、促进该地城镇化发展的同时，为乡村旅游、生态旅游、现代农业旅游等做好服务保障，促进地区发展。

因此，社会服务提升的目标主要包括：①构建社会服务体系。根据聚落规模等级、地理区位、交通条件、经济基础等因素，配置相应的公共服务设施，在区域层面形成完善的服务体系，以满足不同层级聚落村民的生活需求。②完善社会服务设施。按照分级（主要根据村民对公共服务设施使用的频繁程度）、对口（指人口规模）、配套（成套配置）的原则合理组织公共服务设施，保障聚落生活生产高效运转。③合理布置服务设施。按照集中与分散相结合的原则，合理组织不同性质的公共服务设施。同时，考虑村民生活行为习惯，合理布置基层公共服务设施。

### 5.3.4 地方文化传承

保护和传承地域优秀文化是实现区域可持续发展的基础[125]。两院院士吴良镛教授说："在全球化进程中，对本土文化要有一种文化自觉意识，文化自尊态度和文化自强精神。"[126] 寻求一种具有良好景观且能够有机更新的规划模式，是对西海固乡村聚落本土文化的支持与保护。故在聚落空间优化应秉承两方面的文化传承：一要传承地方文化，二要传承地域文化。

地方文化是地域文化与中国传统文化在该地区发展过程中不断碰撞、交流、渗透、吸收和融合的历史产物，是中国本土文化的重要组成部分。在区域层面，地方文化是促进乡村聚落间经济协作与文化交流的桥梁；而在聚落层面，地方文化是构成聚落空间结构的基石。另外，作为乡村聚落营建和保护的生力军，村民更关注地方文化的传承和展示。所以，地方文化传承的目标应达到以下目标：①维持聚落原有空间格局。地方文化传承不仅体现在建筑风貌上，还应体现在聚落空间营造上，凝练聚落内部空间结构模式，可促进保护规划从既有环境走向历史原型，从建筑单体走向聚落整体，从物质本体走向社会本质[127]。所以，在进行聚落空间扩展、生态移民庄点等建设时，应维持传统聚落空间格局。②保护民居建筑风貌，包括民居屋顶形制以及在屋脊、门框、门楣、窗户等处的装饰。③保护和传承民俗文化景观。包括依附于村民生活行为的语言、节庆、民俗风情等以及剪纸、刺绣、泥塑、砖雕等民间艺术。

另外，对于西海固地区而言，除了对地方文化的传承和保护外，还应关注地域文化。地域文化彰显为"一方山水养育一方文化"，不同的地理文化背景，生成和孕育的人群具有不同的思想观念和价值取向[128]。包括自然环境孕育下的"敬畏天地、睦邻友好、自然淳朴"等乡土文化观念。西海固乡村聚落的山水林田湖的生态格局充满了自然生命的精神，其自身形象中就有千姿百态的天然性状。所以，乡村聚落空间优化应充分利用现有的地形田垄特征，追求人与自然和谐，形成平面布局生动活泼、空间布局错落有致的自然村庄形态，体现出民族地区乡村民居特有的乡土气息[123]。

德国物理学家哈肯教授认为，所有的系统都可以分为若干个子系统，我们经常看到的系统行为，往往并不是其子系统行为的简单叠加，而是所有子系统之间的相互协同作用对整个系统的贡献[129]。对于西海固乡村聚落系统，其空间优化的四个目标同样相互关联，协调进行，而这一切以聚落地理—空间为基础，构筑成一个稳固的立体结构，使聚落系统联动协同发展，走向良性循环道路。

## 5.4　本章小结

本章根据"满足村民生产生活需要，改善聚落人居环境，促进地方经济增长，实现区域可持续发展"的聚落空间优化初衷，构建了西海固乡村聚落"两个层级、三大内容、四维目标"的空间优化引导框架，具体内容如下：

（1）"两个层级"：根据聚落空间结构内涵，构建宏观聚落体系和微观聚落单体两个优化层级。聚落体系空间结构优化的核心目的是从宏观层面协调各聚落的协作与沟通，形成功能互补、等级适宜、分布合理的聚落体系，促进乡村经济发展。而聚落单体空间结构优化的核心目的是从微观层面整合聚落系统各要素，使之形成良好的空间组合和组织秩序，达到聚落功能与结构相得益彰的运行状态，满足村民生产生活需要。

（2）"三大内容"：根据聚落空间研究内容构成，构建"整合聚落功能结构、优化聚落空间布局、控制聚落空间尺度"三大内容体系。在聚落体系层面，依据聚落不同地理区位和社会经济发展水平，通过聚落职能分工定位，促进聚落间的经济协作；通过聚落体系空间结构优化，实现聚落群体结构的有机"平衡"；通过聚落间距离尺度控制，提高聚落间的沟通协作的便捷性和高效性。而聚落内部空间的优化，则是遵循村民居住、消费、就业、社会交往等空间行为的习惯与方式，通过各类型空间要素的功能整合，实现村民生活的舒适性与方便性；通过空间布局优化，实现生产、生活、生态空间的共生融合；通过空间规模控制，提高公共设施配置的经济性和村民使用的便利性，同时，实现聚落土地利用的集约化与高效性。

（3）"四维目标"：根据西海固地域及乡村聚落现状特征，构建"生态环境保护、经济水平提高、社会服务提升、地方文化传承"的"四维一体"的优化目标。生态环境保护的核心目标包括：生态系统的良性发展、生态经济的建设、聚落山水空间格局的保护；经济水平提高的核心目标包括：适宜性产业的合理选择、现代农业产业体系的构建、地区基础设施的完善；社会服务提升的核心目标包括：社会服务体系的构建、社会服务设施的完善、社会服务设施的合理布置；地方文化传承的核心目标包括：聚落空间结构的保护、民居建筑风貌的保护、地域乡土文化的传承。

# 6  西海固乡村聚落体系空间优化

西海固恶劣的自然环境和长期超载的人口规模对山地生态环境造成极大的影响。按照国家主体功能区划，作为生态屏障的西海固，其山地生态安全格局构建的基本前提是实现山区人口发展与聚落协调，即基于生态承载能力的人口合理布局，通过生态承载力的控制，消除居民生产行为、生活行为对生态环境的消极影响，营造良好的山地人居环境[130]。所以，西海固乡村聚落体系空间优化必须在区域人口承载力分析的基础上，提出人口空间转移路径，实现合理的人口空间再分布，继而优化聚落体系空间组织、整合聚落体系空间功能和调控聚落距离尺度。

## 6.1  区域人口空间转移分析

### 6.1.1  区域相对资源承载力分析

通常，一个地区人口承载力规模主要受该地区的自然环境资源和社会经济发展条件两方面因素的影响。自然环境资源约束条件主要包括水资源、土地资源等；社会经济发展限制条件主要包括生产力发展水平、经济发展潜力等。这些因素共同决定该地区的人口承载力，但是上限值不能超过上述变量中的最小值。也就是说，地区人口承载力大小符合著名的"木桶原理"❶，即各限制因素估算出的最低环境承载规模则是该地区人口承载规模的最大限度。但实际上，由于自然环境因素和社会经济因素有着互动或互制的关联性，比如，影响西海固地区发展的最突出环境问题是水资源短缺，但实际中，依靠政策红利采取引黄（或泾河水）灌溉、深挖机井和修建工程型储水设施等方法可以改善区域部分县区的缺水现状，在水资源短缺问题得以缓解后，西海固地区的社会经济自然得到发展。所以，只考虑单因子对人口承载力的分析往往会使结果有失偏颇，故一般会综合考虑各因素相互联动效应对该地区的人口实际承载能力所起的作用。本研究认为应综合考虑多种因素对这一特殊地区人口承载力的影响，科学估

---

❶ 木桶原理是由美国管理学家彼得提出的，他指出由多块木板构成的水桶，其价值在于其盛水量的多少，但决定木桶盛水量多少的关键因素不是其最长的板块，而是其最短的板块。

算该地区人口的综合承载力。宁夏回族自治区发展与改革规划委员会于2015年编制《宁夏"十三五"中南部地区生态移民规划》时,对宁夏各县区的人口承载力估算即采用了相对资源承载力分析的方法,这对于分析西海固地区人口承载力无疑具有借鉴和引导的作用。

相对资源承载力是以某一参照区为对比标准,按照参照区人均资源拥有量或消费量、研究区资源存量,来计算研究区各类资源的相对承载力[131]。以农地资源(耕地面积和水资源总量)以及区域经济发展水平(地区生产总值)作为主要分析指标,选择宁夏为参照区,根据宁夏的人均资源拥有量或消费量以及各县(区)资源存量,计算出西海固各县(区)相对耕地资源承载力,相对水资源承载力和相对经济资源承载力,最后通过加权求出综合承载力(表6-1)[132]。

西海固各县(区)人口相对资源承载力分析 ❶                      表6-1

| 县(区) | 人口(万人) | 耕地面积(万hm²) | 水资源量(亿m³) | 地区生产总值(亿元) | 耕地承载力(万人) | 水资源承载力(万人) | 经济承载力(万人) | 综合承载力(万人) | 综合承载力指数(%) |
|---|---|---|---|---|---|---|---|---|---|
| 同心县 | 33.14 | 12.96 | 1.87 | 36.07 | 76.01 | 25.23 | 9.97 | 27.89 | 84.17 |
| 原州区 | 42.43 | 12.35 | 2.47 | 67.84 | 72.41 | 33.22 | 18.75 | 33.46 | 78.87 |
| 西吉县 | 36.66 | 11.54 | 1.47 | 35.76 | 67.67 | 19.83 | 9.88 | 25.32 | 69.07 |
| 隆德县 | 16.40 | 3.09 | 1.03 | 14.59 | 18.10 | 13.89 | 4.03 | 8.32 | 50.74 |
| 泾源县 | 10.39 | 1.73 | 2.18 | 9.56 | 10.17 | 29.30 | 2.64 | 6.45 | 62.12 |
| 彭阳县 | 20.55 | 6.80 | 1.49 | 30.71 | 39.86 | 20.10 | 8.49 | 17.31 | 84.27 |
| 海原县 | 40.03 | 14.74 | 1.69 | 29.37 | 86.45 | 22.80 | 8.12 | 29.13 | 72.78 |

资料来源:宁夏回族自治区发展与改革规划委员会.宁夏"十三五"中南部地区生态移民规划[Z].2015.

根据西海固地区人口的综合承载力分析,可以估算出各县(区)需转移人口规模(表6-2)。

西海固地区人口承载力及转移量统计(万人)                      表6-2

| | 原州区 | 西吉县 | 隆德县 | 彭阳县 | 泾源县 | 同心县 | 海原县 | 总计 |
|---|---|---|---|---|---|---|---|---|
| 现状人口(万人) | 42.4 | 36.7 | 16.4 | 20.5 | 10.4 | 33.1 | 40.0 | 199.5 |
| 综合承载力(万人) | 33.5 | 25.3 | 8.3 | 17.3 | 6.5 | 27.9 | 29.1 | 147.9 |
| 需转移人口(万人) | 8.9 | 11.4 | 8.1 | 3.2 | 3.9 | 5.2 | 10.9 | 51.6 |

资料来源:作者绘制

❶ 承载状态:超载:综合承载力指数<95%;平衡:综合承载力指数95%~115%;富裕:综合承载力指数>115%。

结合宁夏发改委课题组给出的西海固各县（区）人口承载力结果，从表6-2可以看出，由耕地、水资源和经济各因子估算出的各县（区）人口承载力与实际人口规模出入较大，究其原因，主要是西海固复杂多样的自然地理环境。西海固南端的泾源、隆德处于六盘山地，虽属中温带半湿润带，降水多、植被生长好，但水多耕地少，且山大沟深，交通闭塞；中部的原州区、西吉、海原、彭阳是典型的黄土高原区，地表崎岖破碎，丘陵沟壑纵横，河道切割深、低植被、高水土流失；北部的同心县在地理区划中属中温带干旱区，降水少且变化大，地表径流量少，偏远闭塞、地瘠人贫。所以，过渡性、复杂性和多样性是西海固地区自然地理环境的主要特征，这一特征也使得人口承载力影响因素对于这一地区各地理板块的约束效力呈现出较大的差异，现作如下分析，以便进一步深入了解西海固地区的人地关系。

以耕地资源作为该地区人口承载力分析的依据，按照宁夏回族自治区人均2.60亩的标准，则西海固各县（区）中，除泾源县人口承载力和现状人口规模基本持平以外，其他各县（区）人口承载能力均远远大于现状人口规模，其中，海原、同心、西吉三县的人口承载能力大约是现状人口规模的两倍，似乎与前文"西海固地区人多地少"的描述不符。但事实上，这与各县（区）的地形地貌、气候条件及土地地力有关。泾源县人口规模承载力主要受其地形地貌限制，泾源县位于六盘山南麓，县域西为六盘山天然次生林区，东为与六盘山余脉相连的土石山区，这一地貌特征决定了泾源县人地关系最为紧张，耕地最少，所以以耕地面积估算人口承载力时，就出现其实际人口承载规模已经达到了耕地面积可承载的临界值。而其他县（区）的耕地面积很大，反映出农业为西海固地区的主导产业，同时也从侧面反映出西海固是个典型的乡村社会，人们对土地的依赖性较强。这些县（区）的耕地面积虽远远富于人口规模，但由于干旱缺水，土地生产力极差，民间形象地称之为"种了一包子，收了一抱子，打了一帽子"，这种广种薄收的耕作状态只能使农民不断开垦荒地，扩大种植面积，才能勉强维持全家的生计问题，故河谷川道、陡坡斜梁都被开荒种地，现有的土地资源开垦量实际上已远远处于过度开垦状态，使原本脆弱的生态环境遭受了更为严重的破坏。

从水资源承载力分析看，宁南山区水资源总量约 $6.3 \times 10^8 m^3/a$，人均占有水资源量 $273m^3/a$，远远低于重度缺水区人均 $1000m^3/a$ 的标准，且分别是黄河流域（$493m^3/a$）和全国平均水平（$2146m^3/a$）的 1/2、1/9.5；亩均水资源量 $43m^3/$ 亩，分别是黄河流域（$311m^3/$ 亩）和全国平均水平（$1344m^3/$ 亩）的 1/7、1/31。若将扬黄水量 $4.197 \times 10^8 m^3/a$ 也计算在内，宁南山区水资源总量也只有 $10.4 \times 10^8 m^3/a$，人均水资源占有量 $350m^3/a$，分别是黄河流域和全国人均水资源量的 1/1.4、1/6，亩均水资源量 $66m^3/$ 亩，分别是黄河流域和全国亩均水资源量的 1/4.7、1/20[133]。所以，整个

区域内，除南部的泾源县水资源相对充沛外，其他县、区十年九旱，干旱指数高达
10 ~ 12❶，水资源极度匮乏，使该地区成为全国最干旱缺水的地区之一。由此分析，
水资源无疑是制约西海固绝大多数乡村聚落发展的首要因素。按照宁夏回族自治区
人均水资源量 181m³ 计，从表 6-1 的计算结果可以看出，除了泾源县现状人口规模
小于水资源承载力计算的人口规模外，其他各县（区）人口均超载，尤其海原、西
吉两县人口严重超载，超出现状人口的三分之一甚至接近二分之一。

从经济资源承载力分析看，以宁夏回族自治区人均地区生产总值 32200 元为参照
数据，估算结果显示，各县（区）经济承载力规模远远小于实际人口规模。区域自然
环境因素往往联动发挥作用对地区的经济发展起到推动或抑制的作用，泾源县水多地
少，其他县（区）地多水少，反映在该地区经济发展方面则是：资源短缺，长期以雨
养农业为主导产业，工业经济发展基础薄弱，城镇发展缺乏支撑，这些因素又互相耦
合导致各县（区）的地区生产总值普遍偏小。其中，泾源、西吉、海原、同心四县人
口超载情况尤为严重，以泾源县为例，经济承载力分析下的人口规模仅为实际人口规
模的四分之一。

综上分析，西海固地区的西吉、隆德、泾源、彭阳、海原、原州、同心 7 个县（区）
相对资源承载力均处于超载状态（综合承载力指数 < 95%）。其中，西吉、同心、泾
源、海原皆属于人口严重超载区域。另外，根据分析可以看出，落后的经济发展水平
和极度短缺的水资源是影响西海固地区人口综合承载力的关键因素。从中可以得到两
个启示：第一，该地区经济发展不能一味依赖土地，应寻求其他发展途径。应充分挖
掘当地自然资源，发展特色农业和旅游业，拓宽村民经济收入渠道，促进地区经济发展。
第二，处于人口超载状态的县（区）应向区域内适宜人类生存和发展的地方或宁夏北
部川区水土资源相对丰富的地方转移。

## 6.1.2 区域人居环境适宜性评价

西海固地区严重超载的人口使该地区始终处于紧张的人—地—田或人—地—水的
关系状态，也直接导致该地区社会经济发展的缓慢滞后。所以，有必要对该地区人居
环境适宜性作系统地评价，以便于确定人口空间转移路径和优化聚落体系空间布局。

（1）人居环境适宜性评价体系

自然环境条件和社会经济基础是一个区域发展的两个基本限制因素。本研究选取
影响该地区人居环境适宜性的 4 个主要自然环境限制因子——水资源可获取度、坡度、
地震断裂带、自然保护区，3 个主要社会经济发展因子——城镇公共服务设施辐射力、

---

❶ 干旱指数指区域蒸发量与降雨量的比。

交通可达性和工业园区辐射力，以此 7 项限制性因子建立人居环境适宜性评价指标体系，并按照适宜、较适宜、较不适宜、不适宜四个等级进行分级。

1）自然环境限制因子

①水资源可获取度

西海固属于我国北方农牧交错生态脆弱带的一部分，也是水土流失最严重的区域之一。除了南部六盘山阴湿区降水量可达 600mm 外，其余大部分地区年均降水量为 200 ~ 500mm，而蒸发量却高达 1000 ~ 2400mm。另外，大气降水、地表水和地下水量少质差。所以，水资源短缺成为制约和限制西海固地区发展的最大障碍因素。

本研究根据研究区域水系分布图，将乡村聚落距离水系的距离划定 4 个生存适宜度等级：0 ~ 1km 为适宜；1 ~ 3km 为较适宜；3 ~ 5km 为较不适宜；大于 5km 为不适宜 [ 图 6-1（a）]。

②坡度

地形是自然环境因素中的主导因素 [134]，也是地形地貌的重要组成部分。另外，地形在很大程度上决定了生态系统中物质、能量、物种等各种流的方向和汇集的数量 [135]，也是影响建设投资和开发强度的重要控制指标之一。西海固位于黄土高原西南边缘，有着无数的沟、壑、塬、峁、梁、壕、川。清中后期，随着人口剧增，拓荒加剧，粗耕农业的扩展，为求生存，西海固乡村聚落开始向山地阳坡迁移，依坡筑屋，使得许多村民居住在坡度大于 25° 的地方，生活、生产极为不便。进入新世纪，随着国家退耕还林还草政策的实施，西海固地区 25° 及以上的地方全部退耕还林还草。所以，本研究根据研究区域乡村聚落分布的坡度分析图，将乡村聚落所处坡度划定为 4 个生存适宜度等级：0 ~ 5℃ 为适宜；5 ~ 15℃ 为较适宜；15 ~ 25℃ 为较不适宜；大于 25℃ 为不适宜 [ 图 6-1（b）]。

③地震断裂带

西海固地处我国中部南北地震活动带北段，属六盘山地震区，西南靠近青藏高原，新构造运动活跃，是全国地震活动强度大、破坏最严重的地区。尤其是位于西海固西部的西吉县、海源县和中部的原州区处于地震多发地带，地震区的长轴方向为西北西——南南东。西海固地区在 1219—1978 年的 700 多年之中，地震活动显示出三次活跃期和两次平静期。据统计，自 13 世纪有历史记录以来，西海固及周边地区发生的对西海固有影响的 5 级以上地震 35 次，其中 6 级以上 10 次，包括 3 次 7 级地震和 1 次 8.5 级地震 [136]。1920 年 12 月 16 日，震惊中外的海原大地震，震级达 8.5 级，震中烈度达 12.7 度，面积达 2 万多平方公里，余震活动持续 3 年之久，仅 5 级以上余震就超过 6 次。破坏范围涉及宁、甘、陕、晋、豫等省区，造成 31 万人受灾，是 20 世纪全球大陆上发生的最大一次地震，时称"寰球大震"。

西海固地区的地震虽是一种潜在的自然灾害，但是一旦发生影响严重，一方面由于该地区特殊的大地构造位置使可能发生的地震具有较高的震级[137]，西海固有南西华山北麓断裂、六盘山西麓断裂等8条断裂穿越本地区，仅活动深大断裂就达5条，而地震活动主要受活动断裂控制；另一方面该区域沟壑纵横、梁峁交错，复杂的地形使大量的农村住宅抗震能力普遍较低。因此，一旦发生地震，则烈度较大地震则将成为西海固地区主要的灾害之一。

参考宁夏关于地震防灾要求的规定，一般情况下，建筑物要避开断裂带不低于200m，有条件的地方可以扩大到500m，故本研究针对地震断裂带划定2个生存适宜度等级：以地震断裂带为界，大于200m为适宜，0～200m为不适宜 [图6-1（c）]。

④自然保护区

自然保护区是国家用法律形式确定下来、为长期保护和恢复自然环境及人类文化遗产而划出的空间范围。西海固境内有2个国家级自然保护区和4个自治区级自然保护区（表6-3），根据《宁夏回族自治区主体功能区规划》，自然保护区为严禁开发区，禁止一切生产、生活活动，处于自然保护区的居民点应全部搬迁。故本研究针对自然保护区划定2个生存适宜度等级：处于自然保护区外的为适宜，在保护区内的为不适宜 [图6-1（d）]。

西海固地区自然保护区统计表　　　　　　　　　　　　表6-3

| 级别 | 名称 | 面积（km²） | 生态保护对象 | 所处县、区 |
|---|---|---|---|---|
| 国家级 | 六盘山国家级自然保护区 | 862.78 | 自然保护区、天然林、高山草地 | 泾源县、原州区、隆德县、彭阳县 |
| | 罗山国家级自然保护区 | 107.5 | 天然林、自然保护区 | 同心县 |
| 自治区级 | 党家岔（震湖）自然保护区 | 24.74 | 地震堰塞湖 | 西吉县 |
| | 云雾山自然保护区 | 49.92 | 天然草场、自然保护区 | 原州区 |
| | 南华山自然保护区 | 192.42 | 自然保护区、森林公园、地质公园、天然草场 | 海原县 |
| | 西吉火石寨自然保护区 | 99.69 | 山地森林灌丛草甸 | 西吉县、海原县 |

资料来源：根据《宁夏回族自治区主体功能区规划》整理绘制

2）社会经济发展因子

①城镇公共服务设施辐射能力

城镇公共服务设施的配置与分布直接关系到居民生活质量和社会公共资源分配的公平和公正性。在西海固这一传统农耕地区，城镇（县城、建制镇和乡集镇）的公共服务设施不仅仅服务于本城镇居民，还是广大农村腹地农民生活、生产活动密不可分的支撑与保障。另外，依据克里斯塔勒（W.Christaller）的中心地理论，市场的中心级别越大则影响范围越大，由低级的中心地系统相联系组成了更高一级的中心地系统[138]，故区域公共服务设施的辐射半径往往依据各自等级的大小分异明显。本研究将公共服务设施划分为县城、建制镇、乡集镇三个等级，以各城镇为中心做缓冲区，同样划定4个生存适宜度等级。具体划分方法如下：

以距离县城的距离：0 ~ 6km为适宜，6 ~ 8km为较适宜，8 ~ 10km为较不适宜，大于10km为不适宜；以距离建制镇的距离：0 ~ 4km为适宜，4 ~ 6km为较适宜，6 ~ 8km为较不适宜，大于8km为不适宜；以距离乡集镇的距离：0 ~ 1km为适宜，1 ~ 3km为较适宜，3 ~ 5km为较不适宜，大于5km为不适宜 [图6-2（a）]。

②交通可达性

道路交通是人流、物流、信息流的传输通道，也是经济增长的发动机。便利通达的道路系统可以促进人类聚居地与外界进行物质、能量和信息的交换，自然成为聚落社会经济增长的必要条件。以西海固地区现有的三横（G309、G312、S305）三纵（S101、S202、S203）的道路骨架以及众多县道、乡道做缓冲区，划定4个生存适宜度等级：0 ~ 1km为适宜，1 ~ 3km为较适宜，3 ~ 5km为较不适宜，大于5km为不适宜 [图6-2（b）]。

③工业园区辐射能力

工业园区对于提升区域经济综合能力和聚集人口有重要的作用。研究区内共有10个工业园区，其中固原经济技术开发区（原州区）、厚德慈善产业园区（海原）、同德慈善产业园区（同心）、吉德慈善产业园区（西吉）、圆德慈善产业园区（原州区）属于自治区级工业园区；固原清水河工业园区（原州区）、彭阳县王洼产业园区、彭阳县城工业园区、泾源县轻工产业园区、隆德县六盘山工业园区属于县级工业园区；另外，还有海原县产业集聚区、西吉单家集民族工业园等工业园区也呈现快速发展势头，被列为培育提升类园区（表6-4）。

本研究将工业园区划分为自治区级和县级两个等级，以各工业园区为中心做缓冲区，同样划定4个生存适宜度等级。具体划分方法如下：以距离自治区级工业园区的距离：0 ~ 6km为适宜，6 ~ 8km为较适宜，8 ~ 10km为较不适宜，大于10km为不适宜。以距离县级工业园区的距离：0 ~ 4km为适宜，4 ~ 6km为较适宜，6 ~ 8km为较不适宜，大于8km为不适宜 [图6-2（c）]。

西海固地区工业园区现状统计表　　　　　　表 6-4

| 类型 | 园区 | | 主导产业 | 布局位置 | 已批面积（km²） | 现状面积（km²） |
|---|---|---|---|---|---|---|
| 自治区级工业园区 | 固原经济开发区 | 轻工产业园区 | 装备制造、农产品加工、轻纺 | 原州区城区 | 5.08 | 2.94 |
| | | 盐化工示范区 | 煤电铝、盐化工、建材 | 原州区城区北 | | |
| | 同德慈善产业园区 | 羊绒工业园区 | 毛纺织、服装加工 | 同心县城 | 1.33 | 1.33 |
| | | 下马关农副产品科技示范园 | 农副产品加工 | 下马关镇 | 2 | — |
| | | 中小企业创业孵化园 | 食品及民族用品加工 | 石狮镇 | 2 | — |
| | 厚德慈善产业园区 | — | 装备制造、农副产品加工、建材、毛皮加工 | 海兴开发区 | 30.60 | 16.00 |
| | 吉德慈善产业园 | — | 农产品加工、轻工、电子、包装印刷 | 西吉县城 | 12.00 | 10.67 |
| | 圆德慈善产业园 | 长城梁片区 | 农副产品加工、建材 | 原州区城区以北 | 9.72 | 1.33 |
| | | 冬至河片区 | 装备制造、化工 | | — | |
| | | 中部片区 | 轻工制造 | | | |
| 县级工业园区 | 海原县产业集聚区 | — | 食品加工、民族服饰用品加工 | 海原城区 | 1.75 | |
| | 固原清水河工业园区 | — | 农产品加工、食品、建材、制药、轻工、建材 | 原州区城区 | 2.51 | 1.25 |
| | 西吉单家集民族工业园 | — | 农产品加工、轻工制造 | 兴隆镇 | 0.67 | 0.08 |
| | 彭阳县王洼产业园区 | 县城工业园 | 农副产品加工、服装加工 | 彭阳县城 | 45.03 | 7.38 |
| | | 王洼煤炭循环产业园 | 煤炭及煤化工 | 王洼镇 | | |
| | 泾源县轻工产业园区 | — | 食品及民族用品、旅游纪念品加工、包装印刷 | 泾源城区 | 1.85 | 0.52 |
| | 隆德县六盘山工业园区 | — | 药材加工、食品加工、建材、轻工 | 隆德城区 | 2.33 | 2.33 |

资料来源：根据《六盘山地区清水河城镇产业带总体规划（2014—2030）》整理绘制

（2）人居环境适宜性的单因子评价模型

依据上述评价因子体系及评价标准，基于 GIS10.0 平台，建立西海固地区自然资源因子环境评价模型 [ 图 6-1（a）~ 图 6-1（d）] 和社会经济因子环境评价模型 [ 图 6-2（a）~ 图 6-2（c）]。

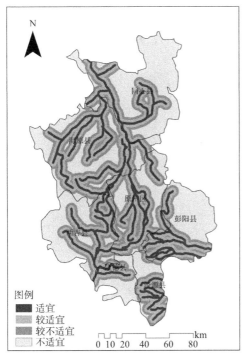

（a）水资源单要素评价

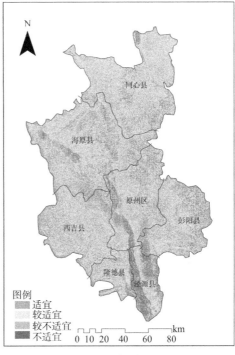

（b）坡度单要素评价

（c）地震断裂带单要素评价

（d）自然保护区单要素评价

**图6-1　西海固人居环境自然环境因子评价模型**

资料来源：作者绘制

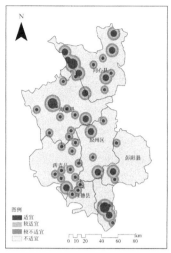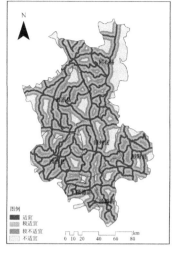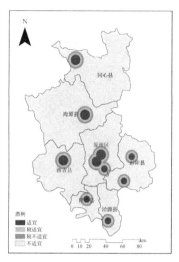

（a）城镇公共服务设施单要素评价 （b）交通可达性单要素评价 （c）工业园区单要素评价

**图 6-2 西海固人居环境社会经济因子评价模型**
资料来源：作者绘制

（3）人居环境适宜性的综合模型

1）因子权重的确定

不同评价因子形成的图层之间的合并规则是通过权重确定的，权重决定某一特定图层对适宜性的贡献程度[139]。目前，确定因子权重的方法主要为特尔斐法、因素成对比较法、数理统计法和层次分析法。其中，层次分析法是一种定性与定量相结合、面向多目标系统分析与决策的综合评价方法。它的基本原理是把所研究的复杂问题看作一个大系统，通过对系统的多个因素的分析，划分出各因素间相互联系的有序层次。该法是由美国著名的运筹学家萨塔（T.L.Saaty）于 20 世纪 70 年代提出，能够有效地分析目标准则体系层次间的非序列关系。与其他方法相比，其特点是具有高度的逻辑性、系统性、简洁性和实用性[140]。故本次研究中，确定各限制性因子权重时采用特尔斐法（DELPHI）和层次分析法（AHP）确定权重。具体步骤如下：

①依照层次分析法的原理，将指标分为 3 层：目标层（A）、准则层（B）和指标层（C）。在充分借鉴吸收了已有指标研究成果的基础上，依据人居环境适宜性各评价因素的逻辑关系，初步拟定评价指标体系结构层次模型。目标层（A）即西海固人居环境适宜性评价；准则层（B）则包括自然环境限制因子 B1 和社会经济发展因子 B2；指标层（C）则为水资源可获取度 C1、坡度 C2、地震断裂带 C3、自然保护区 C4、交通可达性 C5、城镇公共服务设施辐射能力 C6 和工业园区辐射能力 C7 共 7 项。所建立的评价指标体系层次结构图如图 6-3 所示。

②根据因子表建立层次分析判断矩阵，矩阵由 15 位专家打分处理构建。考虑到

专家的研究领域、经验信息和价值观的差异，分别邀请宁夏大学资源环境学院人文地理专业和土木与水利工程学院城乡规划专业老师共 10 位，银川市城市规划设计研究院设计人员 2 位，西海固地方官员 3 位对评价指标的重要程度打分，对 15 位专家的意见集中取平均值，构造判断矩阵。

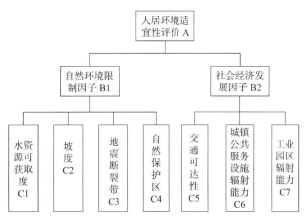

图 6-3　人居环境适宜性评价指标体系层次结构图

资料来源：作者绘制

$$A=\begin{vmatrix} 1 & \dfrac{3}{2} \\ \dfrac{2}{3} & 1 \end{vmatrix} \qquad B_1=\begin{vmatrix} 1 & \dfrac{7}{5} & 7 & \dfrac{7}{3} \\ \dfrac{5}{7} & 1 & 5 & \dfrac{5}{3} \\ 7 & \dfrac{1}{5} & 1 & \dfrac{1}{3} \\ 3 & \dfrac{3}{5} & 3 & 1 \end{vmatrix} \qquad B_2=\begin{vmatrix} 1 & 3 & \dfrac{3}{2} \\ \dfrac{1}{3} & 1 & \dfrac{1}{2} \\ \dfrac{2}{3} & 2 & 1 \end{vmatrix}$$

③处理判断矩阵，计算各层次权重向量（表 6-5），然后对矩阵的一致性进行检验。由此得出各因子权重值（表 6-6）。

各层权重向量计算值一览表　　　　　　　　　　　　　　　　表 6-5

| 层次 | 权重 | 权重向量 | CI | RI | CR | 检验结果 |
|---|---|---|---|---|---|---|
| A—B | 2 | [0.75，0.25]T | 0 | 0 | 0 | 一致 |
| B1—C | 4.1168 | [0.5650，0.2622，0.0553，0.1175]T | 0.0389 | 0.90 | 0.0432 | 一致 |
| B2—C | 3.0385 | [0.6370，0.1047，0.2583]T | 0.01915 | 0.58 | 0.0332 | 一致 |

资料来源：作者绘制

各因子权重一览表　　　　　　　　　　　　　　　　　　表 6-6

| 指标 | $C1$ | $C2$ | $C3$ | $C4$ | $C5$ | $C6$ | $C7$ |
|---|---|---|---|---|---|---|---|
| 权重 | 0.42375 | 0.19665 | 0.041475 | 0.088125 | 0.15925 | 0.026175 | 0.064575 |

资料来源：作者绘制

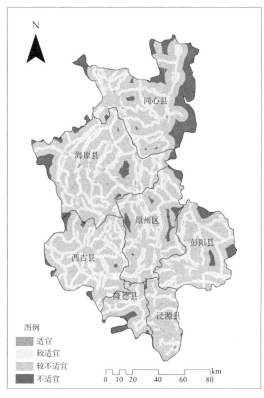

**图6-4 西海固人居环境综合评价**
资料来源：作者绘制

2）综合评价模型

评价因子标准等级值的确定一般采用四种方法，第一种采用评价数据的平均值法；第二种采用国家和行业有明文规定的标准值；第三种是根据专家判断，确定等级划分标准；第四种采用大量数据，研究评价因素和评价对象之间的定量关系，从而划分合理等级[141][142]。本书采用了第三种方法，通过查阅相关文献并咨询有关专家。在将各评价因子数字化为矢量数据的基础上，基于ARCGIS的栅格加权叠加分析模块，对栅格化后的评价因子进行叠加，修正不合理图斑，并按照不适宜、较不适宜、较适宜和适宜四个等级分级，得到西海固地区人居环境适宜性的最终评价模型（图6-4）。

人居环境适宜性评价模型采用了多指标综合评价法。该方法的基本原理是通过累加型公式（加权分值和公式）进行指标的得分计算，其数学模型为：

$$P_i = \sum_{i=1}^{n} W_i C_i \qquad （i=1，2，3，\cdots，m \times n）\qquad （式6-1）$$

式中：$P_i$ 为所有参评因子的总分值；$W_i$ 为第 $i$ 个因子的权重；$C_i$ 为第 $i$ 个因子的分值。该评价过程在 Arcview 软件支持下完成，即利用地图运算功能进行空间加权分析得到评价单元的适宜性得分。

## 6.1.3 区域人口空间转移模型

根据西海固区域相对资源承载力分析可知，西海固地区仍有 51.6 万人需要转移。首先需要转移的是那些生活条件受限（水资源匮乏、土地资源短缺、地质灾害易发区等）和发展无望（交通条件限制、劳动力缺乏、个人技能限制、距离城镇遥远等）的人口。所以，将西海固人居环境评价图和乡村聚落空间分布图相叠加，即可得出不同生存适宜等级的乡村聚落分布状况，而其中较不适宜和不适宜的村落正是需要转移的重点对象（图6-5）。由于篇幅所限，本书以西吉县为例，详细分析该县需要搬迁的村庄（表6-7）。

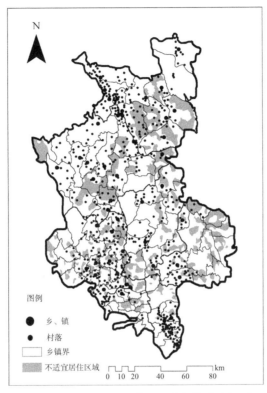

**图6-5** 西海固乡村聚落人口空间转移分析图

资料来源：作者绘制

西吉县乡村聚落生存适宜等级分析                    表6-7

| 所在县 | 所在镇（乡） | 适宜村落 | 较适宜村落 | 较不适宜村落 | 不适宜村落 |
|---|---|---|---|---|---|
| 西吉县 | 兴隆镇 | 兴隆村、单北村、单南村、上村村、张节子村、玉桥村 | 张齐村、大岔村、马堡村 | 姚杜村 | 洞洞村、黑大庄、新合村、马咀村 |
| | 兴平乡 | 兴坪村、油房岔村、杨坪村 | 虎湾村、堡湾、任湾 | 高崖村、团结村、友爱村、杨岔村 | |
| | 西滩乡 | 西滩村、张村堡、甘岔村 | 庙湾村、卢家埫村 | 吊咀村、大岔村、林家沟村、五岔村、黑虎沟村 | |
| | 什字乡 | 新店子村、南台村、什字村、唐庄村 | 温唐村、北台村、马沟村、玉丰村 | 谢寨、保卫村、黄沟村、李海村 | 李庄村 |
| | 马莲乡 | 马莲村 | | 马蹄沟村 | 新堡村 |
| | 硝河乡 | 硝河村、红泉新庄、坟湾村 | | 马昌村、苏沟村、高原村、关庄村 | 新庄村 |

续表

| 所在县 | 所在镇（乡） | 适宜村落 | 较适宜村落 | 较不适宜村落 | 不适宜村落 |
|---|---|---|---|---|---|
| 西吉县 | 偏城乡 | 下堡村、偏城村 | 姚庄村、曹垴村 | 高崖村、烂泥滩村、柳林村、车路村 | 榆木村、北庄村、上马村、花儿岔村 |
| | 沙沟乡 | 沙沟村、满寺村、中口村、大寨村 | 阳庄村、唐庄村 | 叶河村、陶堡村 | |
| | 白崖乡 | 阳洼村、白家庄、红套村 | 斜路而村 | 半子沟村、余套村、库房沟村、旧堡村、白崖村 | 泉沟垴村 |
| | 火石寨乡 | 沙岗村、红庄村、大庄村 | 新开村、石洼村 | 白庄、小川村 | 蝉窑村、扫竹林村、石山村 |
| | 王民乡 | 学阳村、三岔村 | 下赵村、二口村 | 二马村、下赵村 | |
| | 吉强镇 | 杨河村、杨坊村 | 羊路村、大滩村 | 水岔村 | |
| | 将台乡 | | 火沟家村 | 崔中村、深岔村 | |
| | 马建乡 | 大坪村、大湾村 | 土窝村、白台村 | 宠湾村 | |
| | 新营乡 | 黑城河村 | 上岔村 | 玉皇沟村 | |

资料来源：作者绘制

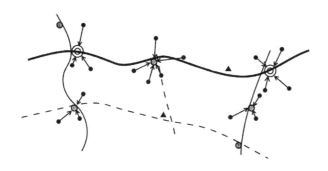

◎ 城　镇　　◉ 扩建村落　⊕ 保留村落　● 迁移村落
▲ 移民新村　——— 现状道路　----- 新修道路

**图 6-6　西海固乡村聚落人口空间转移模型**

资料来源：作者绘制

那些生存环境恶劣、生活发展无望的人口需要分阶段、有计划、有组织地转移至近水、沿路与靠城等适宜人类生存之地。通常情况下，人口集聚转移所重点关注的要素是良好的基础设施条件，尤其是在自然条件严酷的山区，人为因素可以改善的交通设施以及交通区位则成为人们趋之若鹜的重要因素[130]。借鉴唐承丽、贺艳华等学者在 TOD（Transit-Oriented Development）理论基础上提出的乡村公路导向发展模式（Rural Road-Oriented Development Model，简称 RROD 模式）[143]。采取乡村公路连接的区域人口空间转移模式，在这一过程中，逐步拆除规模偏小、位置偏远、基础设施配置困难的衰落村落，保留规模适中、环境宜居的一般村落，扩大区位优越、交通便利、产业兴旺、设施完善的重点聚落，新建规模适中、设施完善的移民村落。合理有序引导乡村聚落沿公路集约发展，并逐步完善聚落公共服务设施和基础设施，实现和谐有序的乡村聚落人口空间转移（图 6-6）。

## 6.2　聚落体系空间结构优化

由于自然条件、历史渊源与生活习俗，西海固乡村聚落在地域空间上呈现出整体分散、局部集中的分布特征，而每个聚落的规模又总是与其周边耕地面积产出所能支撑的人口规模相匹配，所以，一方面要维持一定规模人口的生存问题，另一方面又要保证每家一定的耕作半径，导致的结果则是区域内自然村、行政村，甚至乡集镇的人口规模普遍较小。这种分散化、小型化的聚落体系空间布局既不利于土地的集约利用，也不利于基础设施和公共设施的配置，更不利于聚落间的经济协作与村民间的相互交往。所以，通过对乡村空间进行合理的规划组织，以形成与区域宏观社会经济背景相匹配的聚落体系，才能促进区域城乡整体协调发展和提高区域经济发展水平。

### 6.2.1　构建等级明晰的聚落体系组织结构

聚落往往不是孤立地存在于区域中，美国著名城市理论家刘易斯·芒福德认为，人类社会和自然界有机体一样，必须和周围的自然环境、社会环境在供求上积极地相互平衡，才能持续发展[144]。所以，他曾说："真正有效的规划必定是区域规划。"故应在城乡统筹、整体规划等理念指导下，引导西海固乡村聚落人口有序流动与迁移，使各等级聚落在地理空间上合理分布，由此形成良好的聚落空间组织格局。

亚太经济社会组织早在1976年《农村中心规划指南》中就指出，从某种意义上讲，乡村发展的失败至少可以部分归结于缺少一个把乡村地区与高等中心地联系起来的分级恰当的空间结构，由于缺乏乡村中心系统，所以在财富的增长和较为公平合理的财富分配方面约束了乡村的加速发展。因此，应重点发展乡村的中心系统[102]。国外乡村建设的实践（如德国的"乡村更新计划"、韩国的"新村运动"和英国的"农村中心村建设"等）表明，中心村建设是解决乡村地区社会经济发展问题的有效手段。在我国农村人口众多，小城镇自身承载力限制以及难以全面完成促进城乡要素集聚流动、承接技术转移和成果转化、辐射和服务面域广阔的农村等背景条件下，更应当通过中心村的建设，推动乡村地区基础设施和公共服务设施的改善，引导和促进乡村人口适度集中[145]。然而，传统的"城市—中心镇—一般镇—中心村—基层村"的城镇体系，本质上以行政管辖区域作为等级划分依据，形成的传统城镇职能与空间结构体系。这种模式从20世纪80年代延续至今，对我国城镇体系的行政管理发挥了较大作用。而随着社会经济的发展，其弊端也逐渐凸显。由于处于规划体系末端，规划调控力在村庄层面减弱，甚至丧失。同时，规划脱离实际，与农村实际情况不吻合。这种自上而下指令性的体制模式限制了生产要素的有效流动，导致我国农村长期游离于规划以外，造成农村环境恶化、空间混乱、经济滞缓的落后面貌[146]。

因此，针对目前西海固乡村聚落体系主要由建制镇、乡集镇、行政村、自然村（村民小组）等层次组成的情况，可根据聚落规模等级与职能分工的不同，联同县域中心城市——县城，构建"县城—中心镇——一般镇"和"中心村—基层村"的聚落体系组织结构，使中心镇和中心村作为聚落体系中的重要节点，有效发挥两者在乡村地区不同等级聚落之间的衔接作用，成为持续发展的动力中心，促使各级聚落形成联系紧密的网络系统，促动区域整体协同发展（图6-7）。

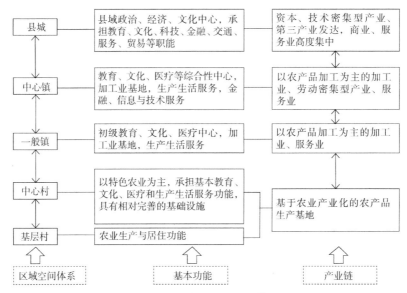

**图6-7　县域一体化空间结构体系图示**

资料来源：根据郭晓东.乡村聚落发展与演变——陇中黄土丘陵区乡村聚落发展研究[M].北京：科学出版社，2013.改制

聚落体系规划组织关键是中心村镇的确定与建设，选取区域位置和经济发展基础较好，对周围散布的自然村和散居的农户具有吸引力的村镇作为中心村镇。通过中心镇的建设实现撤乡并镇以及镇区的规模效应；通过中心村的建设实现迁村并点以及农业空间的集约化经营。

## 6.2.2 "点—轴"型聚落体系空间布局组织模式

西海固地貌以黄土丘陵为主，川、塬、梁、峁交错分布，聚落分布受制于由河谷或山地局限形成的区域交通基础设施网络，表现出强烈的"近水亲路"特征，在地域空间上则表现出带状、支状分布形态。如前文所述，距离公路1.5km范围内的乡村聚落比重达53.2%。其中，三横（G309、G312、S305）三纵（S101、S202、S203）交通线路上聚集有众多城镇（乡集镇）和村落，仅贯穿西海固南北的101省道两侧就有21

个人口聚居城镇（乡集镇）和 97 个村落。

所以，以"点—轴"理论为指导，选择现状综合水平和发展潜力较高的中心村镇作为重点建设方向，加强基础设施和公共设施建设，利用优越的生产、生活条件，引导周边分散的零星村落及生态移民向其集聚，形成人口、产业、服务聚集的增长极，形成"以点带线、点线串联"的空间格局。另外，在乡村聚落空间组织中，要在加强主轴线建设的基础上，沿次级交通轴加强"枝状"空间形式的轴线引导，使中心镇与分支轴线上的集镇、中心村沟通与联系起来，形成聚落体系空间发展的次轴，主轴与次轴相结合再向纵深地区渗透，形成"轴带串接、联动发展"态势，最终促成整个西海固地区乡村聚落骨架体系（图 6-8）。

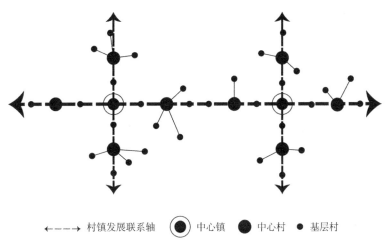

←---→ 村镇发展联系轴　⬤ 中心镇　● 中心村　• 基层村

图 6-8　西海固乡村聚落点轴型空间布局组织模式

资料来源：作者绘制

## 6.3　聚落体系功能结构整合

要想实现乡村聚落生活富裕、生产发展、人居环境质量改善等核心目标，还应考虑聚落间产业职能的分工和公共服务体系的构建。通过产业职能分工，有效强化聚落之间的经济联系，使聚落间形成产业互补、经济互动、协作共济的良好发展局面，从而形成一个良性运营、稳定发展的聚落体系组织结构。通过公共服务体系的构建，满足居民不同层次的生活需求，以利于聚落生活组织协调，提高人居环境质量。引入生活圈理论，根据聚落等级构建层级分明的公共服务体系。

### 6.3.1　构建产业职能地域一体化分工体系

解决贫困地区面临的各方面问题重要途径还是需要依靠发展经济，这也符合西海固村民的当前生活愿望。事实上，随着市场经济的发展，西海固乡村生产已由封闭走向市场，乡村生产的市场化程度也已逐步提升，现代农业、畜牧业、旅游业、运输业、工业等多项产业类型已逐步形成。在该地区建立产业职能地域一体化分工，即是根据各聚落自然资源、产业优势，形成"一乡一业、一村一品"的产业职能分工体系，利用市场机制，促进农业的商品化与市场化。

另外，西海固各县区依托各自优势产业已初步形成产业分工格局，总体而言，形成了海原县油料、马铃薯，同心县羊绒、小杂粮，原州区设施养殖，西吉县冷凉蔬菜，隆德县中草药，彭阳县经果林和泾源县苗木繁育等特色优势产业。而且，实践也证明，县域内相邻村落产业职能若分工明确，形成互补，则会大大促进村落经济水平的提高。以同心县为例，仅特色种植业就已形成"三红一绿一白"（红葱、红枣、枸杞、西甜瓜、马铃薯）和小杂粮、油料等多个产业类型。近年来，已形成以豫旺等乡为代表的地膜西瓜、马铃薯种植基地，以王团、窑山等乡为代表的红葱、红枣、枸杞等种植基地，以王团、丁塘等镇为代表的肉牛羊养殖基地。2011 年从事特色种植养殖业的农户家庭收入占总收入的 45%。此外，农户从事特色农业产业的积极性较高，当问到当前最愿意从事的活动时，68% 的农户选择愿意从事特色经济种植或特色养殖业[147]。

因此，在进行聚落体系职能调整规划时，应根据聚落各自的地理区位与资源禀赋，确定类型多样的主导产业，使聚落群体内部形成"综合型—专业型"的功能结构体系。其中，综合型聚落选择服务功能较完整和辐射带动作用较强的聚落，可以由中心镇或中心村担当，这类聚落除了拥有一定的经济职能外，还为本聚落及周围村庄居民提供教育、文化、医疗、金融、信息与技术服务等生产生活服务功能。而专业型聚落则主要是由低一等级的聚落构成，其职能突出产业类型的技术性与独特性，可以形成特色农业村、商贸村、牛羊养殖村、林业村、旅游村、交通运输村、劳务输出村等职能各异的村落，好似卫星村环绕中心镇或中心村周围，并有便利的交通与中心村镇紧密联系，最终形成职能互补的一体化空间组织秩序（图 6-9）。

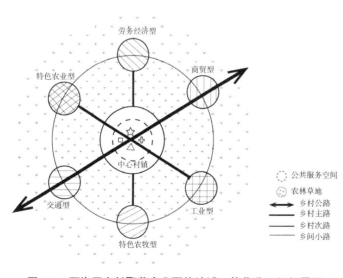

**图 6-9　西海固乡村聚落产业职能地域一体化分工组织图示**
资料来源：作者绘制

## 6.3.2   构建生活圈服务体系

与聚落生活质量息息相关的是聚落的服务功能，而聚落的服务功能往往与聚落的规模等级相匹配，有些聚落服务功能必须由聚落自身来承担，我们称其为聚落的必要功能。主要是维持聚落居民最基本生活、生产需求的那部分功能，包括聚落的初级教育、医疗卫生、行政管理、文化娱乐、日常休憩、日用品供应、生活服务（如小型理发、餐饮、洗浴等）等。有些功能则由中心城镇或其他聚落来提供，我们称之为非必要功能，如生活耐用品（家用电器、衣帽服饰、高档家具等）和大宗生产资料供应、高档服务（婚纱摄影、高级美容美发、大型娱乐场所、高级旅馆酒店等）等[63]。这就需要一个相互紧密配合与衔接良好的聚落体系，为乡村居民提供各种形式、各个层级的易于接近的服务，而各种服务职能都应按照不同等级规模的聚落中心做相应的配置。

传统城乡公共服务设施配置方法，即由政府主导，采用自上而下式配置方式，以人口规模等级为依据，统一配置，在纵向城乡体系层面，表现出重城轻乡的倾向，而忽略中心村与基层村等广大乡村地区，导致城乡割裂。在横向同级聚落中，统一配置的标准和集中布局的方法又忽略了居民需求的差异性和实际的生活习惯，在乡村聚落中，尤其忽略了村民日常的行为习惯，故出现了前文中西海固乡村聚落公共空间失谐等诸多问题，而这一问题随着聚落人口规模增长表现越突出。所以，引入生活圈理论，从村民日常生活角度出发，以村民实际需求为导向，根据村民的出行方式和习惯，分析村民出行时间和出行距离之间的关系，并结合考虑村民对各类设施的需求频次，从而对各级公共服务设施做出合理有效配置。

"生活圈"的概念源于日本，日本在《农村生活环境整备计划》中提出生活圈是指某一特定地理、社会村落范围内的人们日常生产、生活的诸多活动在地理平面上的分布，以一定人口的村落、一定距离圈域作为基准，将生活圈按照村落—大字—旧村—市町村—地方都市圈进行层次划分[148]。这一理论强调了生活圈的圈层结构概念（表6-8），反映了空间地域资源配置、设施供给与居民需求的动态关系，表征不同城乡地域间的社会联系。在日本城市化快速发展期间，政府提出以村落作为基点，按照服务内容进行生活圈层次的划分，有效引导农村分散居住转向聚居。

日本农村生活圈的划分标准　　　　　　　　表6-8

| 层级 | 公共服务设施配置 | 出行方式 | 时间距离（min） | 空间距离（km） |
|---|---|---|---|---|
| 基础生活圈 | 居住、幼儿教育、医疗、购物 | 步行 | 15～30 | 0.5～1 |
| 一次生活圈 | 小学教育、医疗、文化娱乐等 | 步行或自行车辅助 | 30～60 | 2～4 |

续表

| 层级 | 公共服务设施配置 | 出行方式 | 时间距离（min） | 空间距离（km） |
|---|---|---|---|---|
| 二次生活圈 | 中学教育、综合医院、农民协会和渔业协会等 | 步行或自行车辅助 | 30 ~ 60 | 4 ~ 6 |
| 三次生活圈 | 电话电报局、消防署等 | 公交车、私家车 | 60 | 15 ~ 30 |

资料来源：根据张美娟[149]、余咪咪[146]等人研究成果整理绘制

　　"生活圈"理论引入我国后，逐渐成为学界的研究热点，到目前虽没有形成一个统一的概念，但就生活圈的本质来讲，达成以下几点共识：①生活圈是一定地域范围内居民的日常行为空间。②根据居民的出行时间和距离的不同可以将生活圈划分为不同的层次。③在城乡公共服务设施配置中根据生活圈层次的不同，可以配置不同级别的公共服务设施[149]。

　　尽管生活圈研究指向的都是生活空间组织，但地理学者更加偏重于生活空间的变化、地域空间的识别、活动移动系统的发现及建成环境的评价等内容；而规划学者更加偏重于公共设施的配置、道路结构系统的调整及防灾体系的建构等，从理想的生活圈结构应用角度提出生活圈的组织方案[150]。如朱查松[148]、孙德方[151]等依据居民出行距离、出行方式、出行时间等时距参数，给出了县（市）域范围内以一般农村居民点为中心的四级生活圈（表6-9）。

**县域乡村聚落生活圈层系统** 表 6-9

| 层级 | 服务内容 | 出行方式 | 时间距离（min） | 时速（km/h） | 空间距离（km） |
|---|---|---|---|---|---|
| 初级生活圈 | 医疗、幼儿教育、村级管理 | 步行 | 15 ~ 45 | 2 | 0.5 ~ 1.5 |
| 基础生活圈 | 小学教育、村级管理 | 自行车 | 15 ~ 45 | 6 | 1.5 ~ 4.5 |
| 基本生活圈 | 中学教育、镇级管理 | 公共汽车 | 15 ~ 30 | 40 | 10 ~ 20 |
| 日常生活圈 | 综合医院等非经常性需求 | 公共汽车 | 20 ~ 60 | 40 | 13 ~ 40 |

资料来源：根据朱查松、孙德芳等人研究成果整理绘制

　　所以，对于西海固不同层级间乡村聚落公共服务功能的组织，本书借鉴国内外生活圈研究理论，结合西海固乡村聚落的自然地理环境、村民出行方式以及对公共服务设施的需求频率和服务半径，把整个县域划分成四级生活圈层系统，构建基于生活圈理念的四级公共服务配置体系（表6-10），其中，以基层村为中心，满足老人、小孩步行（时速 2 ~ 3km/h），出行时间 15min 到达的范围（0.5 ~ 1km）形成初级生活圈，即四级生活圈，公共设施主要布置小商店、老人、小孩室外活动场地。三级生活圈以基层村为中心，自行车为主要出行方式（时速约6km/h），出行时间 15 ~ 30min 到达的范围（1.5 ~ 3km），基本上到达中心村，布置幼儿园、小学、卫生室、文化娱乐等

满足一般生活需要的公共服务设施。而一、二级生活圈距离基层村的时距则更大，基本上为到达县域中心镇、县城的时空界限（图 6-10）。中心镇、中心村的公共服务设施的具体内容可以根据国家规范、地方标准制定。

基于生活圈理论的西海固乡村聚落公共服务设施体系引导　　　　　　　　表 6-10

| 层级 | 公共服务设施配置引导 | 出行方式 | 时速（km/h） | 时间距离（min） | 空间距离（km） | 生活圈 |
|---|---|---|---|---|---|---|
| 四级生活圈 | 小商店，老人、小孩室外活动场地等满足简单生活需要的公共设施 | 步行 | 2 | 10～15 | 0.4～0.5 | 以基层村中心为圆点，半径为500m 的空间范围 |
| 三级生活圈 | 幼儿园、小学、卫生室、文化娱乐等满足一般生活需要的公共服设施 | 自行车 | 6 | 15～30 | 1.5～3 | 以基层村为中心，空间距离约为1.8km 到达中心村 |
| 二级生活圈 | 满足居民常见病医疗、游憩及初级中学教育等基本生活需的公共服务设施 | 摩托车 | 40 | 15～30 | 10～20 | 以基层村为中心，空间距离约为15km，到达中心镇 |
| 一级生活圈 | 能满足城乡居民日常生活所需的各种教育、医疗、文化体育以及社会福利等完备的公共服务设施 | 摩托车、公共汽车 | 40 | 60～90 | 40～60 | 以基层村为中心，空间距离约为50km，到达县城 |

资料来源：作者绘制

## 6.4　聚落体系空间尺度调控

聚落之间的空间距离是表征聚落体系空间尺度的重要指标，也是反映聚落群体空间分布形态特征和布局调整优化的重要参数。聚落间合理的距离不仅可以有效发挥聚落间人流、物流的传输效应，提高聚落体系的整体运行效率，而且还可以促进聚落间公共资源共享与文化交流互动，有利于创造和谐社会氛围。

### 6.4.1　空间尺度影响因素分析

在传统农业地区，乡村居民点的合理布局必须保障各聚落有合理的耕作半径。故农业耕作半径是影响乡村居民点空间距离的重要因素之一。而影响耕作半径的因素很多，归结起来主要有四个方面，即自然因素、社会因素、经济因素、土地利用因素[152]，本书结合西吉县实际情况，阐述如下：

（1）自然因素

影响耕作半径的自然因素主要指的是地形地貌。通常情况下，河谷川道地区，地势平坦、交通便利，村民出行耕作较为方便，理论上耕作半径可以较大。而在丘陵地

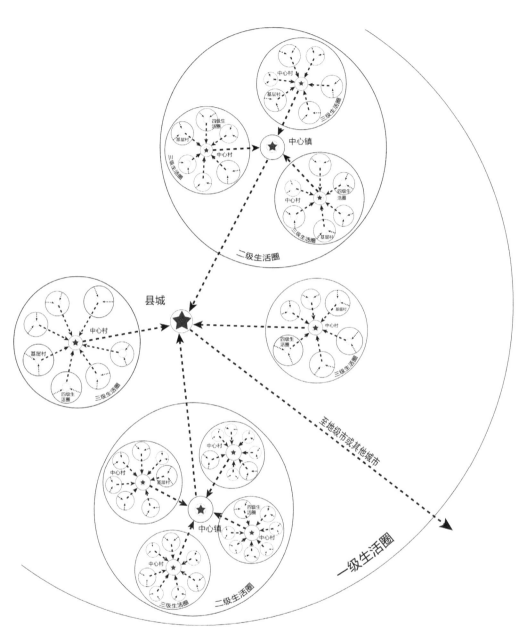

**图 6-10 西海固乡村聚落生活圈服务体系图示**

资料来源：作者绘制

区或山区，复杂多样的地形地貌对耕作半径的约束性较大。

西海固地形地貌复杂多样，主要有河谷川道、黄土丘陵和土石山区等地貌类型，以黄土丘陵为主。实际中，由于河谷川道优越的自然地理条件，使得这一地区往往人口、村落较为密集，村落间距离通常不大，同时，乡村产业类型也较多样，村民兼业化特征突出，故每家实际的耕种面积不大。而在黄土丘陵地区，贫瘠的土地，粗耕的耕种方式使得每家拥有一定面积的耕地才能维持一家人的生存问题，故村落间距离较远以保障每家有一定面积的土地。

（2）社会因素

影响耕作半径的社会因素主要是村民的生活方式和劳动力状况。其中，村民的生活方式经过长时期的历史积淀已形成一定固有模式，比如耕作作息时间、耕作习惯及方式，这些都与耕作半径有着较大的关联度。而劳动力状况对耕作半径的影响表现在，如果劳动力数量较多，则人均耕地面积则减少，需要扩大耕作半径以维持生计；而劳动力素质较高的话，则可以有效提高田间作业效率，减少田间作业时间，可扩大耕作半径。

（3）经济因素

影响耕作半径的经济因素主要有农作物种植类型、交通工具的优劣和农用机械化水平。农作物种植类型不同直接影响农民的耕作时间和耕作投入，必定限制耕作半径，这一点其实早在19世纪，杜能（Thunen，1826）的农业土地利用模型就已阐明该问题，杜能认为农业生产类型在空间配置上应遵循一定的规律，以提高各种农作物的产出效率和降低其运输成本。一般而言，在城市附近种植单位面积收益较高或产品易腐且必须在新鲜时消费的农作物，如蔬菜、鲜奶等。而随着与城市距离的增加，则种植收益较低或运费较低的农作物更为经济[153]。

在西吉县，沿葫芦河河谷川道分布的乡村聚落近年来积极发展现代农业和设施农业，以西芹、紫甘蓝、胡萝卜为主的冷凉蔬菜成为主要种植物，蔬菜种植需要精耕细作，且田间作业和管护时间均较长，故蔬菜大棚往往紧邻村庄、分布在河流一级阶地上，耕作半径一般都不大。而广大的黄土丘陵地区主要还是以小麦、玉米、马铃薯等旱作农业为主，粗耕劳作，大多属于"雨养"农业，农户需要大面积种植才能维持广种薄收后的全家生计问题，故耕作半径通常较大。

另外，农民出行的交通工具和农用机械运输类型也是影响耕作半径的重要因素。近年来，随着西海固地区社会经济的持续增长，农民出行的机动化水平和农用运输的机械化水平逐年提高（图6-11），在所调研的25个村庄中，农户出行方式中以摩托车为主要交通工具达到70%以上。高速度的交通工具，缩短了出行时间，用于耕作的时间可以延长，耕作半径相应可以变大。而农用工具机械化水平越高，田间劳作效率越高，相应缩短了田间作业的时间，耕作半径相应也可变大。

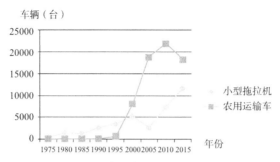

车辆（台）

小型拖拉机
农用运输车

年份

**图 6-11　西吉县农业机械拥有量变化分析**
资料来源: 作者绘制

## 6.4.2　空间尺度参数取值

事实上，在众多影响耕作半径的因素中，经济因素对耕作半径的作用力最大。随着村民生活水平的不断提高，交通工具的改善，农用运输机械化水平的提高，都能克服"时间阻隔"而有效扩大耕作半径。但在西海固地区，干旱缺水的自然条件加之粗耕旱作农业种植模式以及农业产出低效的现实状况，使得年轻一代大多选择外出打工，而农业耕种则成了年事较高的农民难舍的土地情结下的主要营生，所以，到达农田的"心理可达性"成了影响耕作半径的主要因素，徐可帅等就认为，这涉及机会成本的问题，即农民从其生活的聚落出发到周边耕地的距离不同，其所花费的机会成本也不同，而且理论上也呈同心圆分布。如果超过了某个距离，农民认为从事农业生产的机会成本远远高于从事其他工作的成本，那么其可能减少劳动力投入，也有可能出现抛荒或者转租现象[153]。

笔者对西吉县 25 个村庄 230 家农户调研中，95% 的农户普遍接受的外出耕作的时间是 15 ~ 20min。在黄土丘陵沟壑区，复杂的地形地貌使得村民不可能全程依赖机动车辆或农用车辆出行，当有坡地时，必须步行上坡才能到达田地。因此，这一地区的耕作半径应该以聚落为中心，在合理出行时间内，由机动车辆和人步行所能到达的距离的总和来确定耕作半径。所以，假定人力步行爬坡需要 10min，则机动车实际出行时间约为 5 ~ 10min。那么，摩托车与农用车辆 5 ~ 10min 分别可走 3.3 ~ 6.6km、2.5 ~ 5km（摩托车、农用车辆速度取指分别为 40km/h、30km/h），加上人行走 10min（考虑地形、农民年龄等因素，人的步行速度取值 3km/h）为 0.5km，所以，黄土丘陵区的农业耕作半径取值 3 ~ 7km 比较适宜。而在河谷川道地区，村庄密集，农民兼业化程度高，人均耕地面积较小，耕作半径取值 2 ~ 3km 较为适宜。

## 6.5 本章小结

西海固乡村聚落体系空间优化是以提升聚落系统的协调性为目标，以有效组织乡村聚落体系空间形态、有效整合乡村聚落体系功能和有效控制聚落空间尺度为途径，从而达到促进乡村聚落之间的互动交流，推动地区经济发展和改善区域人居环境的目的。本章在西海固区域人口空间转移分析的基础上，优化聚落体系空间布局、整合聚落体系功能结构，并给出聚落间合理空间尺度的参数取值。

（1）乡村聚落体系空间优化首先涉及乡村人口在区域空间上的合理分布。本章在参考宁夏相对资源承载力分析，得出西海固各县区人口承载力情况，并在西海固人居环境评价的基础上，划定西海固区域需要移民搬迁的范围。鉴于乡村聚落的分布受制于由河谷或山地的限制所形成的区域交通基础设施网络，提出保留较大聚落、移拆偏远小散村落、扩建基础良好聚落，并沿乡村公路组织各级聚落是西海固乡村聚落人口空间转移的最佳模型。

（2）西海固乡村聚落体系空间结构优化应该建立在合理的乡村聚落空间组织基础上，通过分析乡村聚落构成类型，提出加强中心村镇的建设，构建"县城—中心镇—一般镇"、"中心村—基层村"两级聚落体系空间组织模式，强化中心村、镇的节点作用，有效推动城乡均衡发展。另外，鉴于西海固乡村聚落受自然地貌条件约束呈现出的近路带状分布特征，提出"点—轴"型聚落体系空间结构优化模式，"以点带线、点线串联"，并向次级交通轴线上延伸，形成"轴带串接、联动发展"态势，最终促成整个西海固地区乡村聚落骨架体系。

（3）西海固乡村聚落体系空间功能整合包括区域产业功能整合和公共服务功能整合两个方面。基于西海固乡村聚落的地理区位与发展基础，提出"综合型—专业型"产业功能结构等级体系，其中综合型强调聚落功能的完善性与对周边的辐射性，专业型强调聚落产业的特色性与专业性；另外，引入生活圈理论，构建基于生活圈理论的县域范围四级公共服务设施配置体系。

（4）西海固乡村聚落距离尺度主要受耕作半径影响，在分析影响耕作半径的自然因素、社会因素、经济因素和土地利用等因素后，给出河谷川道地区聚落间距离适宜控制在 2～3km，黄土丘陵地区聚落间距离适宜控制在 3～7km。

# 7 西海固乡村聚落内部空间优化

聚落空间结构反映的是不同功能活动和要素的相互组织关系，故对其优化必须从整合聚落的各个功能要素入手，使之形成良好的组织秩序，从而提高聚落空间的运行效率和保障聚落的可持续发展。因此，西海固乡村聚落内部空间优化基于聚落空间功能整合，提出不同产业驱动下聚落的空间功能整合模式，根据前文中乡村聚落的基本类型提出相应的空间结构优化模式，并结合聚落规模控制取值参数的拟定，实现乡村聚落内部的空间优化。

## 7.1 聚落空间功能整合

按照聚落空间功能对聚落发展所起的作用和产生的影响，可以将聚落空间功能划分为基本生存功能、产业驱动功能和生活品质改善功能，对于西海固乡村聚落而言，居住、农业种植属于基本生存功能，牛羊养殖、商业贸易、工业加工、旅游观光、劳务输出等属于产业驱动功能，行政办公、文化教育、休闲娱乐等属于生活品质改善功能。西海固乡村聚落空间优化的重点在于提升基本生存功能，整合产业驱动功能和融入品质改善功能。

### 7.1.1 提升基本生存功能

西海固作为我国西北农牧交错带的典型区域之一，第一产业在地区产业构成中始终占有重要的地位。提升乡村聚落基本生存功能，即立足自然条件、发挥地区优势、调整种植结构、确保粮食安全、拓展销售市场、提高盈利能力、增加村民收入，从而增强乡村聚落经济发展的内生活力和动力，并在此基础上，改善村民居住条件、完善公共服务设施和基础设施，最终改善聚落人居环境质量。

美国经济学家舒尔茨在《改造传统农业》中指出，对于经济增长，传统农业很难作出什么贡献，惟有现代化的农业，才能推动经济腾飞。他认为，传统农业之所以停滞落后，根本的原因在于农业投资收益率太低[154]。党的"十八大"也明确提出"农业现代化和城镇化协调发展是我国未来城乡及农业发展的新方向"。实践也证明，发展现代农业是壮大县域经济、保证农民增收的一项有力措施，西吉县葫芦河川道区 1hm² 的特色蔬菜产业的纯收入高达 15 万元以上，达到"一亩园十亩田"的收益[155]。而且据估算，只要户均种植 0.067hm² 蔬菜，就可使农业人口人均收入增加 25%，产值相当于小麦的 6 倍[156]。所以，发展现代农业，加强农产品深加工，延长产业链，促进经济发展是提升乡村聚落基本生存功能的关键。

从西海固地区农业发展现状、潜力以及乡村聚落经济转型趋势看，发展特色优势农业是该地区传统农业改造的根本出路。发展特色优势农业应注意三方面问题：一是因地制宜，宜农则农，宜林则林。将 ≤ 10° 的缓坡地、平地建成高产基本农田，推行节水灌溉、地膜覆盖、间作套种等集约农业技术，使传统的粗放经营农业向高产高收益的现代农业转变[157]。将 10° ~ 25° 的中、低产地、退耕地、荒地种植紫花苜蓿，1hm² 苜蓿产量约 8 吨，产值约为 3500 元。而且苜蓿草业种植还可以防止水土流失、促进畜牧业发展，其生态效益和经济效益都十分显著。二是提高特色优势农业的规模化、产业化和机械化。西海固大部分地区虽然土地贫瘠、降水稀少，但气候、土壤条件却十分适合种植马铃薯。海原县就将马铃薯种植作为该县特色优势种植产业之一，其种植面积由过去的年均 1.33 万 hm² 发展到 6.67 万 hm²，全县农民人均马铃薯纯收入达到 912 元，占该县农民人均农牧业收入 2854 元的 32%，占种植业农民纯收入 39.4%[158]。另外，该县的硒砂瓜、小茴香、小杂粮和胡麻等特色农业种植规模也有不同程度的扩大，仅小杂粮和油料的年产值就将近亿元，增产增收效益显著。三是对农产品进行生产深加工，做到集约化、企业化和专业化，实现农产品的产供销一体化的企业化经营管理，其核心在于用产业化的技术和思维谋划农业经营模式[159]。例如，2014 年，宁夏华林农业综合开发有限公司在西吉县兴隆镇建设的华林兴隆设施农业示范园区，涉及兴隆、单家集 2 个行政村，流转土地 1000 亩，涉及农户 205 户，农业人口 1025 人。现已建设蔬菜温棚 200 座，主要种植西红柿、芹菜、甘蓝等冷凉蔬菜，每座大棚可使务工农民人均年纯收入达 2000 元左右，园区涉及农户户均年收入达 1.5 万元。园区即是按照"高效、生态、节水、标准"的现代农业经营理念，以"公司＋土地合作社＋农户＋基地＋物流＋市场"的经营模式[160]，实现产供销一体化经营管理，提高投资收益率。

所以，依托"平川蔬菜粮、浅丘畜牧草、陡坡林果木、庭院进万家"的农业发展模式，在提升乡村聚落农业种植产值、促进农户经济发展的前提下，严格控制农户新建宅基地面积，及时置换村中废弃宅基地，合理组织聚落居住空间，使居住空间紧凑化，农业种植规模化，从而达到全面提升乡村聚落基本生存功能的目的。

## 7.1.2 整合产业驱动功能

聚落空间结构既是聚落经济运行的结果，又是聚落经济进一步发展的基础，也是聚落问题产生的根源之一[105]。西海固乡村聚落空间优化最终还是要基于产业发展提高经济水平来实现，这主要是因为：①经济基础决定上层建筑，人居环境改善从本质上讲属于上层建筑领域范畴，聚落基础设施配置、公共设施完善和人居环境美化都离不开相应的经济条件支持。②提高经济发展水平和改善生活条件是西海固村民当下的首要诉求。在实际调研过程中，超过80%的村民将增加经济收入、改善住房条件、完善公共设施配套等作为他们核心的利益诉求。所以，只有顺应民意，将提高村民经济水平和改善人居环境相结合，才能最终实现乡村聚落空间优化的终极目标。③经济条件在一定程度上还是传承地方文化特色的重要前提。地方传统文化中的许多东西都要通过一定的物质载体才能表现和保存下来，如当地民居建造中常用的砖雕、木雕、瓦雕等。很难想象，当一个人处于食不果腹、衣不蔽体、上无片瓦、下无立锥之地的境况中，却有闲情逸致去大谈什么民居文化[161]。

西海固地区经济结构是一种复合型结构。除了以农为主的经济特征外，商业、养殖业等产业发展良好。第一，位于清水河、葫芦河等河谷川道的乡村聚落，凭借优越的区位条件和便利的交通条件，商业贸易十分活跃。第二，以淀粉加工、民族用品生产和资源型开发为主的工业经济逐步发展。宁夏9个民族贸易县（市）中有8个在西海固地区，共有35家民族用品生产定点企业。与此同时，同心、彭阳两县县域因蕴含大量矿产资源，故两县部分乡村聚落的工业经济发展势头良好。第三，以乡村旅游为主的新型产业正在崛起。随着城市居民收入提高、闲暇增多、机动能力提高，加上城市人居环境质量欠佳，向往原始、自然和纯净乡村环境的消费需求明显增长[162]。而西海固地区不但拥有丰富多彩的自然旅游资源，而且蕴含类型多样的人文旅游资源，且两者在地理空间上高度耦合。据相关数据统计，宁夏六盘山区仅从事农家乐为主的休闲旅游直接从业人员近万人，间接从业人员近5万人，平均每户农家乐，年纯收入在3万～5万元，收入高者可达到每年数十万元[163]。所以，生态旅游、科考普查、红色旅游、民俗旅游与休闲农业旅游成为这类乡村聚落的新型支柱产业。除此之外，随着国家对西海固地区的功能定位及退耕还林还草项目的不断深入，西海固各县区农业剩余劳动力占农业劳动力的比重达52.3%～71.5%[164]，劳务输出便逐渐成为各县的"金牌产业"和"支柱产业"。

所以，西海固一部分乡村聚落已经摆脱贫困，进入产业驱动型的乡村发展阶段，这一阶段的特征是：乡村的经济发展开始摆脱不发达的状态，财富总量有所增加，村民生活由温饱向小康过渡；随着城乡交通网络的完善，工业化的成果向乡村扩散使农业生产方式得到根本的改变，农业劳动生产率得到很大的提升；随着乡村非农产值的增加，兼业化农民数量增多；市场的繁荣也推动了生产的专业化，促使了乡村经济类型的增多[107]。此类乡村聚落应充分发挥当地优势产业，在选择主导产业时，可以考虑生态养殖型、商贸服务型、乡村旅游型、劳务输出型、交通物流型和工业生产型等，将聚落空间功能划分为居住功能组团、产业驱动组团（生态养殖组团、专业市场组团、旅游观光组团、物流园区组团、工业生产组团等）和综合功能组团（含居住、公共服务等功能）。聚落空间优化过程中，整合产业驱动功能就是在明确乡村聚落主导产业类型的基础上，通过优化主导产业布局，协调居住功能组团、产业驱动组团和综合功能组团之间的组合关系，实现聚落产住分离、净污分离、居住舒适、服务便捷的空间优化目标，不同产业类型下聚落空间功能整合要点详细情况见表7-1。

产业驱动下的西海固乡村聚落空间功能整合要点　　　　表7-1

| 类型 | 功能组团构成 | 功能整合目标 | 功能整合规划要点 | 功能整合模式示意 |
| --- | --- | --- | --- | --- |
| 生态养殖型 | 居住功能组团+农业种植组团+生态养殖组团+综合功能组团 | 加强卫生安全和防疫要求，提高经营规模化，促进牛羊肉及其附属产品深加工，延长产业链 | 小型家庭牧场或大型养殖园区（集饲养、屠宰、加工、销售于一体）应布置于聚落边缘，且位于常年盛行风向的侧风位、下风向和通风排水良好的地段，与村民住区之间宜用绿化隔离 | |
| 商业贸易型 | 居住功能组团+专业市场组团+综合功能组团 | 交通便利、卫生安全、易于疏散，管理有序 | 商业街与聚落主干路垂直或平行，沿街商户可采用前店后院或下店上住的商住形式。专业市场根据经营内容、规模等级、安全卫生要求设置在聚落独立地段上 | |
| 乡村旅游型 | 居住功能组团+旅游观光组团+综合功能组团（含居住、旅游服务、公共服务等功能） | 环境优美、设施配套、功能齐全，满足旅游"吃、住、行、游、购、娱"六要素要求，且聚落地方风貌突出。注重旅游资源开发和生态环境保护 | 处理好农事体验区、民俗文化区、休闲度假区及旅游服务区的空间布局。布置民俗文化娱乐广场，供地方非物质文化遗产、民俗文化活动的展示 | |
| 劳务输出型 | 居住功能组团+综合功能组团+农业种植组团 | 设置劳务培训机构，提高农户生产技能，培育高素质农村劳动力 | 针对专业生产技能培训，在聚落综合功能组团设置专业培训机构 | |

| 类型 | 功能组团构成 | 功能整合目标 | 功能整合规划要点 | 功能整合模式示意 |
|------|------------|------------|----------------|----------------|
| 交通物流型 | 居住功能组团＋物流园区组团＋综合功能组团 | 交通组织有序、商品集散顺畅 | 物流园区位于聚落独立地段，与对外交通道路有较好的联系，便于商品集散；组织好货车停放、维修与司机食宿服务 | |
| 工业生产型 | 居住功能组团＋工业生产组团＋综合功能组团 | 工业项目清洁化、低碳化、高受益性和强带动性[125]；小型分散院落式向集聚化与规模化转型，交通便利、防止污染 | 向工业园区集中，应位于聚落常年盛行风向的下风向和排水良好的地段，与村民住区之间宜用绿化带隔离 | |

资料来源：作者绘制

事实上，绝大多数乡村聚落并不一定可以准确地被定义为某种特定的聚落类型，多种类型特征混合是我国乡村聚落普遍存在的现象，因此，乡村聚落规划不可教条地照搬聚落类型的界定和相应的规划要求，而应根据实际情况综合多种聚落类型的规划要求编制规划。在确定好聚落主导产业类型的基础上，确定规划目标和构思，作为空间布局规划的依据[3]。

### 7.1.3 融入品质改善功能

公共服务设施和休闲娱乐设施是反映一个聚落生活品质的重要因素。融入品质改善功能，即是完善聚落公共设施，使村委会（乡政府、镇政府）、学校（中、小学、幼儿园）、卫生室（中心医院）、小商店（综合商店）以及储蓄所（银行）等能满足村民的生活诉求；配置休闲娱乐设施，使文化活动室、公园、广场等为村民提供社会交往空间，改善人居环境品质。乡村聚落空间优化过程中，应在聚落服务功能和休闲娱乐功能发挥的同时，构建乡村聚落生活圈、服务圈。可以利用整治院落的部分重建建筑，设置满足村民生活必需的基层诊所、幼儿园、活动中心等。也可以将聚落中废弃的宅基地通过宅基地置换方式，将其作为小块公共绿地或小游园等游憩空间。这样既能盘活村庄用地，又能使村落原来闲置或者废弃的空间获得多种功能，并保持传统村落的社会生活活力。

## 7.2　聚落空间布局优化

诺伯格·舒尔茨主张通过"图形"来识别"类型"，明确聚落空间类型可以倡导适宜于地域文化的发展方向，其价值等同于"文化传承"的意义：继承过去存在的聚落形式所属的意义，即从特定的聚落中推导出典型的空间要素构成，把这些要素在新的脉络中重新构成，使之在新一轮的聚落空间发展保护中得以应用[165]。所以，结合前文所述，对西海固乡村聚落类型中的自然村、行政村和建制镇提出空间优化模式。

### 7.2.1　自然村空间布局优化

自然村是乡村地区最基本的组成单元，是聚落居住群体自我认同的最小基本空间单元，也是社会学视角的最基本的族群单元，它是农村自然聚居形成的村落，人口从几十到上百人不等，由一个或者数个村民小组组成[2]。西海固地区共有6140个自然村，其中，原州区有1006个自然村，西吉县有1778个自然村，隆德县有513个自然村，彭阳县有742个自然村，泾源县有405个自然村，同心县有573个自然村，海原县有1123个自然村，这些自然村基数大、规模小、分布散，是西海固地区乡村聚落的重要组成部分。

西海固的自然村平均人口规模233人，往往是一个或几个大家族聚居的居民点，都是典型的聚族而居的传统村落，那些位于山大沟深处的自然村，由于历史原因更是如此。村民之间以血缘、地缘、亲缘关系形成一个紧密的族群，具有较强的乡土观念和归属感。村民间的社会交往主要局限在村落内部。村民有着高度相似的生活、生产习性，生产方式主要以农业耕作为主，兼营院落式的养殖业。所以，在自给自足的生产方式和落后低下的生产力束缚下，这些自然村落空间构成元素较少，空间结构表现为地域结构的狭小封闭性、产业结构和土地利用的单一性以及文化结构的同质性。

根据经济、集约发展目标，西海固乡村聚落中的自然村空间优化模式可概括为向心聚合模式（图7-1）和单向偏离模式（图7-2）。村落中应配置小商店、农贸代购点等基层公共服务设施❶（有村委会的自然村，紧邻村委会布置），形成聚落公共空间；村民应逐步改变生活、生产方式，变小规模院落式分散型养殖圈舍为集中型的家庭牧场，并布置在村落边缘地带，村民可通过托管、代养等方式交于村庄擅长养殖的"能手"，进行养殖和管理，这样也确保污染性生产空间与居住空间的分离，改善人居环境。自然村是乡村聚落的基层单元，故这种自然村空间优化模式也是西海固乡村聚落空间优

---

❶ 考虑西海固自然村人口规模普遍较小，不应强调在每个自然村设置幼儿园或托儿所（据调查，村庄内小于3周岁的幼儿主要由家中老人看管，上托儿所的比重很低）。在河谷川道地区，建议在500人以上的村庄设置1所幼儿园，而在黄土丘陵地区，应考虑在中心村设置1所幼儿园，或结合小学布置。

化模式的原生态的雏形空间。

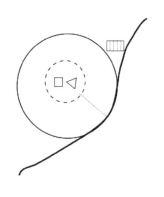

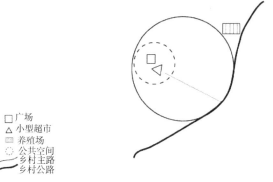

□ 广场
△ 小型超市
▦ 养殖场
⬚ 公共空间
⌇ 乡村主路
━ 乡村公路

图 7-1　向心聚合模式
资料来源：作者绘制

图 7-2　单向偏离模式
资料来源：作者绘制

## 7.2.2　行政村空间布局优化

行政村是乡（镇）以下的一级组织，传达和执行乡（镇）行政管理的基层单位，通常由几个相距不远的自然村构成，村委会一般设在规模较大的自然村中。而有些行政村下辖的几个自然村（或村民小组）交错混杂在一起，这时的行政村就似是一个大的自然村，像前文中的单家集即是如此。

村委会驻地的村庄往往是在区位和交通条件均较好的村落，人口最先聚集起来，村落的经济结构也由传统的"农耕业—畜牧业"为主体的农业经济向"农耕业—畜牧业—手工业—商业"等多元经济类型转变；村民之间的血缘、地缘、亲缘关系也逐步由经济协作的加强而呈现出血缘、地缘、亲缘及业缘的联系。村落经济的发展，促动了聚落空间转型，首先，村落的居住空间发生了巨大的变化，窑洞、土坯房变成了砖瓦房，人均住房面积由五六平方米变成几十平方米，村落空间不断向外扩展。另外，聚落公共空间不断细分，类型丰富，除了宗教活动空间外，还出现了行政管理空间，如村委会、公路养护站等；公共服务空间，如小学、幼儿园、文化活动站、卫生室等；甚至还有像广场、篮球场、小游园等娱乐休闲空间。

行政村相对自然村而言，人口规模较大，居住较为密集，大多沿聚落对外交通道路布置，以保证这一重要公共设施的通达性，此类乡村聚落空间优化采用单核心聚合布局模式（图 7-3）：在村落中部，结合村委会，布置行政办公、商业金融、医疗卫生、文化教育、休闲娱乐等公共设施，形成聚落一级公共空间，而在聚落其他方位根据需要配置基层公共服务设施，如幼儿园、小商店等，形成聚落次级公共空间。而聚落生产空间整合则采取产业驱动化功能整合模式，做到人畜分离、净污分离，并提高生产技术，使农产品加工业向精细化、专业化、规模化发展，延长产业链，增加产品附加值，以此改善人居环境质量。

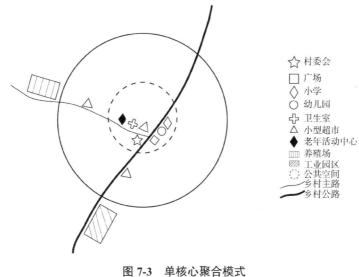

图 7-3  单核心聚合模式
资料来源：作者绘制

### 7.2.3  小城镇空间布局优化

小城镇处于"城市之尾，农村之首"，是介于城市与农村之间的过渡性聚落，因此，小城镇聚落兼有乡村聚落和城市聚落的特点，是农村一定区域内政治、经济、文化和生活服务的中心。改革开放以来，受商品生产和市场经济的冲击，加之自治区扶贫工程的实施，西海固人口聚居的城镇空间结构变化极大。城镇工业异军突起，商业、服务业等第三产业更是迅速发展，社区内产业结构、土地利用结构得以重大调整，并逐步向合理化递进，经济上的集聚功能更强[166]。小城镇的生活功能大大拓展，生活福利和基础设施更为完备，成为全镇域甚至更大地域范围内人流、物流、信息流的集散中心和文化娱乐中心。居民之间不仅是血缘、亲缘、地缘的联系，更重要的是生产和经济上的协作关系。非宗教的基础文化教育也深入镇区，科技文化也开始在镇区中广泛传播和应用[166]。

所以，镇区的经济结构有着明显的"农耕业、畜牧业—农业经济"和"乡镇工业、第三产业—非农业经济"的二元性，经济增长方式已开始由粗放型向集约型转变，乡镇已出现了集聚的养殖区、工业区等生产空间[166]。而居住空间方面，由于镇区人口规模增长较快，居民收入差距逐步显现，住房类型和规模差别较大，居住空间出现分异。公共空间从类型到功能、从数量到质量，在西海固地区乡村聚落中都属于最丰富、最强、最多的，有公共管理空间：镇政府、派出所等；公共服务空间：中学、小学、幼儿园、卫生院、农业银行、敬老院、汽车站等；休闲娱乐空间：公园、广场、湿地等。

人口聚居的城镇，人口规模最大，居住密集，其空间优化采用多核心非均衡布局模式（图7-4）：强化聚落公共空间，在交通便捷的聚落中心布置行政办公、商业金融、医疗卫生、文化教育、休闲娱乐等公共设施，形成镇区一级公共空间，同时根据公共设施服务半径，结合镇区基层公共服务设施，如幼儿园、小商店、小块绿地等，形成镇区次级公共空间。生产空间优化方面：取缔聚落中一切院落式散养圈舍，使分散型养殖圈舍向养殖园区集中，污染性手工作坊向工业园区集中。

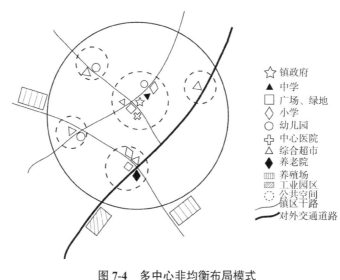

**图7-4　多中心非均衡布局模式**
资料来源：作者绘制

## 7.3　聚落空间规模控制

聚落规模是指聚落生活、生产活动与社会活动的总和，一般选用聚落的人口规模和用地规模来表示[63]。合理的聚落规模尺度对于提高乡村居民日常出行的便捷度与设施利用的便利性，还能节约医疗、教育等公共设施的建设与使用成本。雷振东教授认为，农村人口规模及其聚居体系空间模式主要取决于以下四大因素：一是农民的基本生活标准，二是农业劳动对象的数量与分布，三是农业生产组织方式，四是农业生产力辐射半径[167]。道氏提出人口规模是划分聚落性质的标准，主张以2000人的规模作为乡村型与城市型聚居的分界线，所以也就限定了村庄最大规模的上限[114]。

### 7.3.1　空间规模影响因素分析

西海固乡村聚落适宜规模除了考虑农业耕作半径以外，公共服务设施配置的经济性、宁夏地方法规的相关规定等因素都是影响乡村聚落的重要因素。

（1）公共设施配置门槛的影响

聚落公共服务功能与聚落规模互为载体，聚落公共服务功能是否健全与聚落规模有直接关系，而聚落规模是否稳定依赖于聚落公共服务功能的健全程度。聚落规模太小，往往使聚落基础设施和公共服务设施达不到其"经济门槛"，产生空置、低效、维护差等现象，造成资源浪费。合理的聚落规模应该是能使聚落基础设施和公共服务很好地发挥功能作用，并可以获得最佳经济效益，方便生产与生活的规模。惠怡安通过实地调研、定量推算与理论分析的方法，论证了陕北黄土丘陵沟壑区农村聚落规模在满足小学、卫生室、综合商店等公共服务设施的最低服务人口门槛规模为 2000 人左右[63]。郝海钊通过对陕南山区乡村聚落适宜规模分析得出，小学最大出行距离为 2km，人口门槛值为 1700 人；幼儿园人口门槛值为 1500 人；乡村医疗设施人口门槛值为 1600 人；乡村商业设施人口门槛值为 1300[168]。

（2）地方法规的影响

宁夏回族自治区住房和城乡建设厅为了加强对全区村庄建设与发展的规划指导，于 2015 年颁布了《宁夏回族自治区村庄规划编制导则（试行）》。其中明确规定：山区中心村规划人口规模应以 100 ~ 300 户（户均 4.5 人）为宜（生态移民村除外）；一般村（基层村）规划人口规模应在 50 户以上为宜。并且对新建低层农宅的宅基地面积做了明确规定：严格执行"一户一宅"，山区宅基地面积不大于六分地（约 400m²），建筑基地面积不应大于宅基地面积的 60%。所以，宁夏地方法规标准规定中的中心村规模大约为 1350 人。

## 7.3.2 空间规模取值参数

综上所述，可以对上述指标作一比较（表 7-2），综合比较分析，可以确定西海固黄土丘陵地区一个中心村人口规模可以定为 1500 人。而河谷川道地区村落人口规模聚集度相对较高，中心村人口规模可以适当提高，以 2000 人为宜。

| 西海固地区中心村人口规模综合分析 | | 表 7-2 |
|---|---|---|
| 限制因子 | 服务半径（m） | 人口规模（人） |
| 小学 | 400 ~ 800 | 1700 |
| 幼儿园 | 300 ~ 400 | 1500 |
| 卫生室 | 300 ~ 400 | 1600 |
| 综合商店 | 300 ~ 400 | 1300 |
| 地方法规 | — | 1350 |

资料来源：作者绘制

## 7.4 聚落空间单元优化

乡村聚落的社会构成因子是家庭（户），家庭对应的空间实体是宅院，宅院是乡村聚落空间的基本细胞单元[169]。此外，院落作为村庄居住用地的主要构成内容，又是村庄建设用地构成的主体单元，村庄用地组织的变化最终归结于院落用地及其空间组织的变化。所以，院落空间优化之于乡村聚落空间优化而言，具有举足轻重的作用。

院落的空间结构是人和社会、自然环境的综合作用结果，与乡村经济发展水平、农户的经济状况、当地文化习俗、地方流行的建筑式样、心理满足等因素密切相关[170]。西海固地区村民院落是一个集经济性、生产性、生活性于一体的典型复合型空间，通常由住屋空间、生产空间和庭院空间三个空间单元构成，承担着起居、储藏、饲养、种植、沐浴五个基本功能（图7-5）。

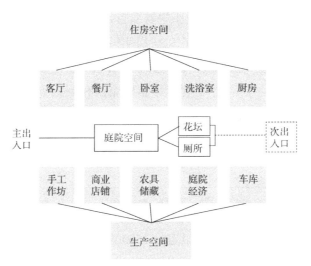

**图 7-5 西海固农户庭院功能结构分析图**
资料来源：作者绘制

### 7.4.1 院落空间要素与功能优化

（1）住屋空间

住屋空间是院落的主体空间，主要承载着日常起居的生活功能，一般村民家庭院落五大功能中的起居、沐浴都是在住屋中完成。住屋虽然是乡村聚落空间层级中最小的空间单元，但却是地方文化展现最集中和最丰富的地方。由于当地风沙较大，为了防风、保暖，房屋高度不大，一般不开北窗。通常，在住屋的起居室中，靠西墙设通炕。正对门的北墙挂装饰画，装饰图案的题材有代表文人气息的"琴棋书画"、"梅兰竹菊"

等图案，也有代表福寿延年的桃、松树等。住屋建筑的装饰较多，主要集中在屋脊、门框、门楣、窗户等处。形式多样，有砖雕、木雕、石刻、瓦当等[171]。建筑色彩倾向是喜欢单纯、朴素和自然的颜色，常喜用绿、白、黄、蓝、红五种色彩[172]。

　　西海固地区的传统家庭人口较多，通常平均人口为4.5人，大多是扩大家庭和主干家庭，故住屋构成中，除了坐北朝南的主房，还有偏房。主房主要是一家人起居之所，而偏房作为厨房、储藏间等用途。同时，偏房连同主房形成围合空间，增加了院落的私密性，尤其是坐西向东的偏房更是起到阻挡冬季西北风的作用，这在冬季寒冷的西海固地区也是人居智慧的具体体现。随着时代的发展和社会经济水平的进一步提高，村民们对于主房空间分隔的诉求更为迫切，客厅、卧室等功能应分工明确，洗浴间应纳入主房中统一考虑，这既方便了居民使用（特别是在冬天寒冷季节），也使得现代的清洁能源得以有效推广，减少了居民生活成本，提升了生活质量[82]。另外，根据实地调研，近年来西海固乡村聚落实施了农村节能的"南墙计划"，即在主房的南立面加建阳光间——暖廊，这一构造有效提高了冬季室内温度，降低了能源消耗。

　　（2）生产空间

　　生活空间与生产空间的高度复合是乡村聚落空间共有的特征，西海固村民家庭院落空间同样呈现出这一特征，小规模养殖业通常就在院落中进行。但生产空间在宅院中的比重随农户经济水平分异显著，一般而言，经济水平越高的农户，其宅院的生产空间比重越小，生活功能和生产功能分离的趋势也就越明显[112]。所以，随着西海固地区社会经济的发展、农村产业结构的调整、村民生产方式的改变以及人们对美化生活环境的诉求，传统院落中大面积的养殖空间将会逐步被取缔，而小规模、临时性应对村民日常生活所需的养殖，应设在远离主房的院落一角，对畜类排泄物及时处理，以保证养殖环境的清洁。另外，基于部分村庄产业结构的不断升级和农业现代化的需要，在继续保留储存粮食或农机具的仓库以外，可根据村民实际需要考虑增加手工作坊（如剪纸、刺绣、泥塑等）及农用车辆、私家车车库。而那些沿聚落主要道路分布的院落，可以考虑沿路增设商业用房，既拓展村民产业类型，又丰富了村落公共空间。

　　（3）庭院空间

　　庭院空间是西海固村民家庭院落中面积比重最大的空间单元。通常四周高墙围合以阻挡冬季寒冷的西北风，使庭院内形成一个微气候环境，而且大面积的庭院使坐北朝南的主房充分接受阳光的照射，增强室内采光和在寒冷的冬季提高室内温度。在院落养殖逐步取缔后，大面积的庭院可种植蔬菜瓜果，发展庭院经济，不但可以作为自家生活物质资料的补给，也可作为村民经济创收的新渠道，还可在庭院中种植花草树木，美化环境、陶冶情操。因此，规划时应整体筹划庭院的布置，使庭院空间作为住屋空间的合理延续，创造一个自给自足、经济创收、驻足交流、愉悦身心的空间。

## 7.4.2 院落空间布局优化

（1）平行式院落

平行式院落布局即主房与偏房呈平行式布置。这一布局形式适合西海固地区大家庭生活的需要，主房和偏房形成对向围合态势，创造出一个半私密空间，给一家人生活、起居增添安全感和亲切感。而且偏房可开辟出专门的手工作坊，满足农户非农产业发展的需求。偏房的面积大小、功能用途可根据家庭人口构成、经济条件、生产类型进行合理分工（图7-6）。

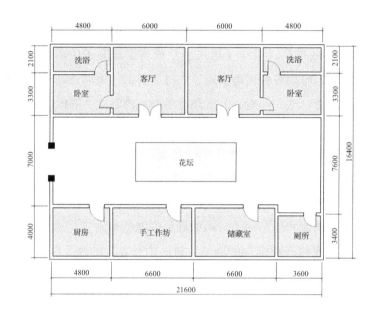

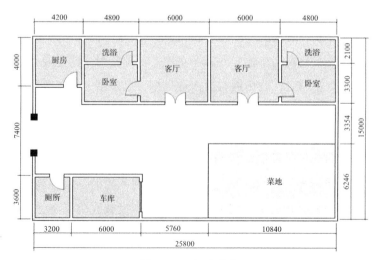

图 7-6　平行式院落

资料来源：作者绘制

（2）L形院落布局

L形院落也被当地人称为"钥匙头式"或"拐脖式",即坐北朝南的主房在西侧（或东侧）拐弯形成"L"形，这突出的部分使院落呈现半包围状态，同样增加了庭院的私密性，同时使庭院种植空间更大，这一形式适合人口规模较小、构成简单的三口之家或四口之家使用（图7-7）。

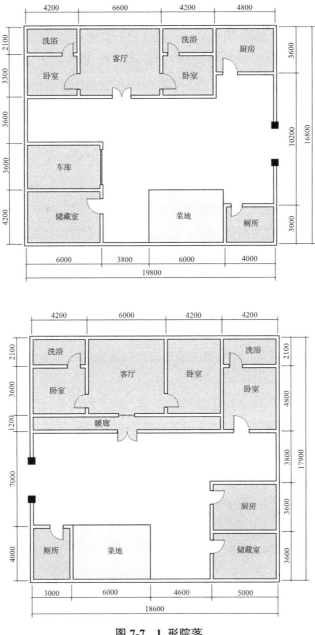

**图7-7　L形院落**

资料来源：作者绘制

## 7.5 本章小结

聚落空间结构是聚落不同功能活动和要素的相互组织关系在空间上的体现，故西海固乡村聚落空间优化从整合聚落空间功能入手，在此基础上提出聚落空间结构优化模式和聚落适宜规模的取值参数。

（1）西海固乡村聚落空间功能整合重点在于提升基本生存功能，整合产业驱动功能、融入品质改善功能。提升基本生存功能即提升农业种植产值，促进农户经济水平的提高，采取"平川蔬菜粮、浅丘畜牧草、陡坡林果木、庭院进万家"的农业发展模式，因地制宜地推动地区农业健康持续发展；整合产业驱动功能则是在明确乡村聚落主导产业类型的基础上，协调聚落居住功能组团、产业驱动组团（生态养殖组团、专业市场组团、旅游观光组团、物流园区组团、工业生产组团等）和综合功能组团（主要是服务功能）三者的组合关系；融入品质改善功能则是完善聚落公共服务设施、增设休闲娱乐设施，形成乡村聚落的生活圈、服务圈。

（2）根据行政等级划分，分别提出西海固地区自然村、行政村和乡集镇、建制镇的空间优化模式。自然村空间优化模式可概括为向心聚合模式和单向偏离模式；行政村空间优化模式可采用单核心聚合模式；乡集镇或小城镇空间优化模式可采用多核心非均衡模式。

（3）西海固乡村聚落将以中心村形式大量存在，中心村适宜规模主要受农业耕作半径、公共服务设施配置、宁夏地方法规规定等因素影响。综合分析得出：河谷川道地区的中心村人口规模以2000人为宜；黄土丘陵地区的中心村人口规模以1500人为宜。

（4）院落是村庄居住用地的主要构成内容，也是村庄建设用地构成的主体单元，村庄用地组织的变化最终归结于院落用地及其空间组织的变化。根据实地调研，西海固地区农户对于院落功能分工、节能环保、消遣娱乐等意愿逐渐强烈。根据农户实际生活需求，提出平行式和L形两种院落优化布局模式。

# 8 结论与展望

　　宁夏西海固地区是全国重要的少数民族聚居区之一,严酷的自然环境与独特的地方文化相融合产生了集地域性与文化性于一体的聚落空间。同时,该地区因自然条件严酷、生态环境脆弱和经济发展滞后,被列入我国 14 个集中连片特困地区之首。针对这一特殊地区,国家启动了生态移民工程、美丽乡村建设和农村危窑危房改造等一系列战略部署,推动了西海固地区的经济发展,加速了该地区城乡空间的转型与重构。在此背景下,如何在城乡空间剧烈转型与重构中传承地域文化,如何在适应新时代生活诉求下优化聚落空间,是西海固地区经济协同发展与地域文化传承的重要科学问题。因此,构建西海固乡村聚落空间优化引导框架,改善乡村聚落人居环境和传承保护地域文化,正是笔者力求记录和研究的论题。

　　本书在阐述西海固乡村聚落空间演进历程的基础上,运用实证研究、系统分析、实地调研等定性与定量相结合的方法,以"现象描述"—"问题解析"—"对策调控"的研究路径,从西海固乡村聚落体系与聚落单体两个层面,通过整合功能结构、优化空间布局、调控尺度规模三大空间优化内容,力图实现生态环境保育、特色产业培育、社会服务提升与地方文化传承的四维目标,旨在改善乡村聚落人居环境,提高地区经济协同发展与地域文化传承。

## 8.1 研究结论

　　(1)西海固乡村聚落空间演进特征与影响因素

　　从空间分布、空间功能、空间结构、空间形态四个方面对西海固乡村聚落空间演进特征进行分析。认为西海固乡村聚落的空间分布形态由集中—扩散—大分散演化。当前,乡村聚落空间分布呈现出:整体形态分散化和分异化特征显著,道路、河流的趋向性明显,低坡度、低海拔区位取向突出;西海固乡村聚落空间功能由均质同构向异质多元演化,具体表现为由简单的居住、农业生产功能向居住、生产、休闲娱乐、生态等多元化功能演化;随着聚落功能的多元演化,西海固乡村聚落空间结构由简单向复杂演化，人口聚居的村庄或乡镇呈现出多中心空间结构；西海固乡村聚落空间形态由集聚型向分散型演变。当前该地区乡村聚落空间形态可以细分为团状、带状、散点状三大类，一字式、条带式等七小类。

影响西海固乡村聚落空间演进的因素主要有自然环境因素和社会人文因素，其中自然环境因素包括地形地貌、水文气候和土壤地质等，社会人文因素包括人口增长、文化习俗、经济技术和政策制度等。诸因素对乡村聚落空间演进的动力机制表现为：自然环境是基本动力、地方文化是重要动力、经济技术是内生动力、政策制度是外施动力；并且自然环境与地方文化因素对西海固乡村聚落空间演进起延续驱动作用，经济技术与政策制度因素对西海固乡村聚落空间演进起转型驱动作用，这四个力耦合作用于乡村聚落空间，推动其演化的方向和速度。

（2）西海固乡村聚落空间特征

西海固乡村聚落空间由生态空间、居住空间、生产空间、公共空间等四个空间单元构成。乡村聚落空间相似相异特征显著，这与聚落规模等级、自然地理环境和社会人文环境等因素直接相关。

生态空间方面，西海固乡村聚落普遍存在由山、水元素构成的生态空间，这既是区域自然环境特征，也是乡村聚落人居智慧的体现。

居住空间方面，西海固乡村聚落普遍存在聚族而居的居住格局，且居住空间分异显著，村庄主要以砖木结构和砖混结构的房屋为主，乡集镇或建制镇则以砖混结构的房屋为主，位于河谷川道的部分城镇有砖混结构的居民楼和别墅。

生产空间方面，农牧兼具、多业并举的经济特征使西海固乡村聚落生产空间呈现出多元化特征，而四周环绕的农业种植空间、沿街带状分布的商业空间、点状分布的集贸市场和牛羊养殖空间（村庄是小规模、院落式养殖模式，乡集镇、建制镇是较大规模、聚落边缘式养殖模式）是西海固乡村聚落生产空间共有的特征。

公共空间方面，西海固乡村聚落公共空间因聚落规模等级与聚落空间发展的历史轨迹不同，其构成元素的空间分布和完善程度存在较大差异，公共设施沿聚落主要道路分布是西海固乡村聚落公共空间共有的特征。

（3）西海固乡村聚落空间存在的问题

西海固乡村聚落空间存在的主要问题表现为：村民自治下居住空间的疏离与同质；传统模式下生产空间的分散与低效；政府主导下公共空间的缺失与失谐；经济模式下生态空间的侵扰与破坏。

居住空间方面，乡村聚落建设的自发性以及生活与生产功能的高度复合，致使西海固乡村聚落人均建设用地远远超过国家标准，且受村民家庭生活习惯和经济水平所限，低强度的开发形式致使居住用地开发的粗放和低效。另外，受现代文化冲击以及政府统一规划设计的影响，西海固乡村聚落居住空间陷入低层次的复制和同质化建设的困境中。

生产空间方面，受地方传统经济类型、生产模式的影响，以养殖、手工加工等为主的经营活动往往都是以家庭为单位，导致了乡村聚落生产空间的分散化和低效化。

公共空间方面，政府财政替代性投入不足与村集体经济崩塌，没有考虑村民的生活习惯和行为特征，造成乡村聚落基本公共服务空间的失谐和公益性公共服务空间的普遍缺失。

生态空间方面，伴随生产要素的非农化和地方非农产业的发展，部分乡村聚落出现了侵扰和破坏生态空间的现象，使原本脆弱的生态环境雪上加霜。

（4）西海固乡村聚落空间优化引导框架的构建

根据"满足村民生产生活需要，改善聚落人居环境，促进地方经济增长，实现区域可持续发展"的聚落空间优化初衷，尝试构建西海固乡村聚落"两个层级、三大内容、四维目标"的空间优化引导框架。

"两个层级"：根据聚落空间结构内涵，构建宏观聚落体系和微观聚落单体两个优化层级。

"三大内容"：根据聚落空间研究内容构成，构建"整合聚落功能结构、优化聚落空间布局、控制聚落空间尺度"三大内容体系。

"四维目标"：根据促进西海固地区经济发展与地域文化传承的目标，构建"生态环境保护、经济水平提高、社会服务提升、地方文化传承"的四维优化目标。

（5）西海固乡村聚落体系空间优化对策

西海固乡村聚落的分布受制于由河谷或山地的限制所形成的区域交通基础设施网络，故顺势沿乡村公路引导组织分散小型聚落逐步向高等级聚落有序迁移，这将是西海固乡村聚落人口空间转移的最佳模型。

构建"县城—中心镇——般镇"、"中心村—基层村"两级聚落体系空间组织模式，强化中心村、镇的节点作用，有效推动城乡均衡发展。另外，鉴于西海固乡村聚落受自然地貌条件约束呈现出的近路带状分布特征，提出"点—轴"型聚落体系空间结构优化模式，"以点带线、点线串联"，并向次级交通轴线上延伸，形成"轴带串接、联动发展"态势，最终促成整个西海固地区乡村聚落骨架体系。

基于西海固乡村聚落的地理区位与发展基础，提出"综合型—专业型"产业功能结构等级体系。其中"综合型"强调聚落功能的完善性与对周边的辐射性，"专业型"强调聚落产业的特色性与专业性；另外，基于生活圈理论，遵循村民行为习惯，构建基于生活圈理念的县域范围四级公共服务设施配置体系。

西海固乡村聚落距离尺度主要受耕作半径影响，在分析影响耕作半径的自然因素、社会因素、经济因素等因素的基础上，提出河谷川道地区聚落间适宜距离为 2 ~ 3km，黄土丘陵地区聚落间适宜距离为 3 ~ 7km。

（6）西海固乡村聚落单体空间优化对策

西海固乡村聚落空间功能整合重点在于提升基本生存功能、整合产业驱动功能、融入品质改善功能。提升基本生存功能即提升农业种植产值，促进农户经济水平的提高，采取"平川蔬菜粮、浅丘畜牧草、陡坡林果木、庭院进万家"的农业发展模式，因地制宜地推动地区农业健康持续发展；整合产业驱动功能则是在明确乡村聚落主导产业类型的基础上，协调聚落居住功能组团、产业驱动组团（生态养殖组团、专业市场组团、旅游观光组团、物流园区组团、工业生产组团等）和综合功能组团（主要是服务功能）三者的组合关系；融入品质改善功能则是完善聚落公共服务设施、增设休闲娱乐设施，形成乡村聚落生活圈、服务圈。

基于西海固地区三种基本聚落类型，提出自然村空间优化模式为向心聚合模式与单向偏离模式；行政村、乡集镇空间优化模式为单核心聚合模式；小城镇的空间优化模式为多核心非均衡模式。

西海固乡村聚落将以中心村形式大量存在，中心村适宜规模主要受农业耕作半径、公共服务设施配置以及宁夏地方法规标准等因素影响。综合分析得出：河谷川道地区中心村人口规模以 2000 人为宜；黄土丘陵地区中心村人口规模以 1500 人为宜。

## 8.2 研究创新

（1）从与西海固聚落空间特征密切关联的空间分布、空间功能、空间结构、空间形态四个方面，系统分析西海固乡村聚落空间演进特征，提炼其影响因素并剖析其作用机制，弥补了对西海固乡村聚落系统性研究的不足。

（2）通过对既有乡村聚落研究理论进行系统整合，构建了西海固乡村聚落空间优化引导框架，形成从宏观到微观、从功能到结构、从形式到内容的多维度研究体系，是对乡村聚落理论研究体系的补充和完善。

（3）通过解析乡村聚落空间构成要素及其特征，提炼出西海固乡村聚落空间布局优化模式。基于西海固村民实际生活习惯和生产活动特征，对乡镇、行政村、自然村三个层级的乡村聚落内部空间进行系统研究，提炼出西海固乡村聚落空间布局模式，在实践层面上作为新时期西海固乡村聚落空间优化范式与路径。

## 8.3　研究展望

　　宁夏西海固地区是我国生态环境脆弱、自然条件严酷和少数民族聚居的典型"老、少、边、穷"地区，区域人地关系演进致使乡村聚落在宏观区域层面和微观聚落层面的人居环境存在诸多问题，严重影响了该地区社会经济的发展、村民生活质量的提高以及和谐社会的构建。在国家到地方一系列重大发展战略引领下，生态移民工程、美丽乡村建设、农村环境整治等战略部署使该地区乡村聚落空间进入快速转型与重构阶段，在各项规划建设如火如荼进行的当下，如果对该地区乡村聚落空间发展没有进行适时引导，将会使乡村聚落空间发展处于混乱无序的境地。本研究本着"满足村民生产生活需要，改善聚落人居环境，推动地区经济发展"的目的，对西海固地区乡村聚落空间特征与问题进行深入调查分析，尝试构建乡村聚落空间优化引导框架，探索其空间优化途径。但作者深知乡村聚落是个复杂的巨系统，还有诸多相关问题有待深入研究和探索：

　　（1）实践是检验真理的惟一标准。目前虽在西海固部分村庄的规划实践中已有意识地将相关理念融入规划方案和规划管理中，但还需对研究理论成果大量实践，反复检验和修正，并进一步补充完善。

　　（2）建设家园离不开村民的积极参与和配合，怎样在规划中引导村民积极参与，使其自觉融入乡村聚落的建设和保护活动中，并形成乡村聚落行政领导、规划师和村民三方利益者的联动机制，促进规划和管理顺利推进，这将是今后研究可以深入的一个方面。

　　（3）西海固地区自然环境和社会经济差异巨大，致使乡村聚落空间的特殊性和复杂性差异显著，加强对该地区乡村聚落类型化研究的深入，更加针对性地提出具体发展策略，促进空间优化研究成果的转化。

　　（4）应深入挖掘地方文化的可塑性因子，在聚落空间景观营建中不断深入。不同的自然地理环境和社会经济条件下，乡村聚落营建的特征差异也较大，应学习甘肃、青海、陕西、新疆等地乡村聚落文化景观营建的手法，进一步深化对西海固地区乡村聚落文化风貌建设的引导。

# 参考文献

［1］ 刘七军，李昭楠，刘自强. 民族地区新型城镇化发展路径探讨——以宁夏为例 [J]. 开发研究，2014（6）: 115-119.

［2］ 杨忍，刘彦随，龙花楼，等. 中国村庄空间分布特征及空间优化重组解析 [J]. 地理科学，2016，36（2）: 170-179.

［3］ 刘宇红，梅耀林，陈翀. 新农村建设背景下的村庄规划方法研究——以江苏省城市规划设计研究院规划实践为例 [J]. 城市规划，2008，32（10）: 75-79.

［4］ 金其铭著. 农村聚落地理 [M]. 北京：科学出版社，1988.

［5］ 郭晓东. 黄土丘陵区乡村聚落发展及其空间结构研究——以葫芦河流域为例 [D]. 兰州：兰州大学，2007.

［6］ GB/T 50280—98. 城市规划基本术语标准 [S]. 北京：中华人民共和国建设部，1999.

［7］ 郭晓东著. 乡村聚落发展与演变——陇中黄土丘陵区乡村聚落发展研究 [M]. 北京：科学出版社，2013.

［8］ 同济大学城市规划系乡村规划教学研究课题组著. 乡村规划——规划设计方法与 2013 年度同济大学教学实践 [M]. 北京：中国建筑工业出版社，2014: 82.

［9］ 李浩著. 生态学视角的城镇密集地区发展研究 [M]. 北京：中国建筑工业出版社，2009.

［10］ 范少言，陈宗兴. 试论乡村聚落空间结构的研究内容 [J]. 经济地理，1995，（2）: 44-47.

［11］ 刘玉，刘彦随. 乡村地域多功能的研究进展与展望 [J]. 中国人口资源与环境，2012（10）: 164-169.

［12］ 阿·德芒戎著. 人文地理学的问题 [M]. 葛以德译. 北京：商务印书馆，1993: 129-150.

［13］ 费孝通. "美美与共"和人类文明（上）[J]. 群言，2005（1）: 17-20.

［14］ 吴良镛. "人居二"与人居环境科学 [J]. 城市规划，1997（3）: 4-9.

［15］ 雷振东. 整合与重构——关中乡村聚落转型研究 [D]. 西安建筑科技大学，2005.

［16］ 吴良镛. 关于人居环境科学 [J]. 城市发展研究，1996（1）: 1-6.

［17］ 吴良镛. 人居环境科学的探索 [J]. 规划师，2001（6）: 5-8.

［18］ 陈宗兴，陈晓键. 乡村聚落地理研究的国外动态与国内趋势 [J]. 世界地理研究，1994（1）:

72-79.

[19] 人文地理学编写组. 中国大百科全书·地理学——人文地理学 [M]. 北京: 中国大百科全书出版社, 1984: 180.

[20] 张小林, 盛明. 中国乡村地理学研究的重新定向 [J]. 人文地理, 2002 (1): 81-85.

[21] 张雪慧. 文化人类学理论方法述要 [J]. 西北民族研究, 1992 (1): 1-7.

[22] 周建新. 客家研究的文化人类学思考 [J]. 江西师范大学学报, 2003, 36 (4): 113-117.

[23] 李红波, 张小林. 国外乡村聚落地理研究进展及近今趋势 [J]. 人文地理, 2012 (4): 103-109.

[24] Takeuchi KNamiki.Designing eco-villages for revitalizing Japanese rural area[J]. EcolEng, 1998, 11 (1): 177-197.

[25] Mollison B, Holmgren D. Permaculture one: a agriculture for human settlement[M]. 3rd ed.Tyalgum, New south Wales, Australia Tagari Publishers, 1987: 25-43.

[26] GilmanR. The eco-village challenge[ J] .Living Together, 1991 (2): 10 -11.

[27] 陈勇. 国内外乡村聚落生态研究 [J]. 农村生态环境, 2005, 21 (3): 58-61.

[28] 冯文勇, 陈新莓. 晋中平原地区农村聚落扩展分析 [J]. 人文地理, 2003, 18 (6): 93-97.

[29] 梁会民, 赵军. 基于 GIS 的黄土塬区居民点空间分布研究 [J]. 人文地理, 2001, 16 (6): 81-83.

[30] 王成, 武红, 徐化成, 等. 太行山区河谷内居民点的特征及其分布格局的研究——以河北省阜平县为例 [J]. 地理科学, 2001, 21 (2): 170-176.

[31] 角嫒梅, 肖笃宁, 马明国. 绿洲景观中居民地空间分布特征及其影响因子分析 [J]. 生态学报, 2003, 23 (10): 2092-2100.

[32] 彭一刚. 传统村镇聚落景观分析 [M]. 北京: 中国建筑工业出版社, 1994.

[33] 申秀英, 刘沛林, 邓运员. 景观"基因图谱"视角的聚落文化景观区系研究 [J]. 人文地理, 2006(4): 109-112.

[34] 陈晓华, 张小林, 马致远. 快速城市化背景下我国乡村的空间转型 [J]. 南京师大学报, 2008, 31 (1): 125-129.

[35] 张玉梅, 王勇. 国内乡村聚落空间整合研究综述 [J]. 安徽农业科学, 2011, 39 (24): 14855-14858.

[36] 雷振东. 乡村聚落空废化概念及量化分析模型 [J]. 西北大学学报 (自然科学版), 2002 (4): 421-424.

[37] 冯文勇. 农村聚落空心化问题探讨——以太原盆地东南部为例 [J]. 农业现代化研究, 2002 (4): 267-269.

[38] 曹恒德, 王勇, 李广斌. 苏南地区农村居住发展及其模式探究 [J]. 规划师, 2007, 23 (2): 18-21.

[39] 何仁伟等.中国乡村聚落地理研究进展及趋向[J].地理科学进展，2012（8）：1055-1062.

[40] 赵之枫.乡村聚落人地关系的演化及其可持续发展研究[J].北京工业大学学报，2004（3）：299-303.

[41] 刘沛林，刘春腊，李伯华，等.中国少数民族传统聚落景观特征及其基因分析[D].地理科学，2010，30（6）：810-817.

[42] 杨林平.甘南藏族乡村聚落公共空间特征[D].西安：长安大学，2012.

[43] 马少春.环洱海地区乡村聚落系统的演变与优化研究[D].开封：河南大学，2013.

[44] 郦大方.西南山地少数民族传统聚落与住居空间解析——以阿坝、丹巴、曼冈为例[D].北京：北京林业大学，2013.

[45] 段德罡，崔翔，王瑾.甘南卓尼藏族聚落空间调查研究[J].建筑与文化，2014（5）：47-51.

[46] 成亮.甘南藏区乡村聚落空间模式研究[D].武汉：华中科技大学，2016：107.

[47] 燕宁娜著.宁夏西海固乡村聚落营建及发展策略研究[M].北京：中国建筑工业出版社，2016.

[48] 胡秀媚，冯健.基于多主体参与的村庄整治规划过程优化——以宁夏西吉县洞洞村为例[J].地域研究与开发，2016（6）：169-177.

[49] 冯健，杜瑀.空心村整治意愿及其影响因素——基于宁夏西吉县的调查[J].人文地理，2016（6）：39-49.

[50] 贺艳华，曾山山，唐承丽，等.中国中部地区农村聚居分异特征及形成机制[J].地理学报，2013（12）：1643-1656.

[51] 汪一鸣.历史时期宁夏地区农林牧分布及其变迁[J].中国历史地理论丛，1988（1）：101-129.

[52] 刘景纯.历史时期宁夏居住形式的演变及其与环境的关系[J].西夏研究，2012（3）：96-119.

[53] 王玺.撒马尔村的大胆推测[N].宁夏新消息报，2012-2-27.

[54] 汪一鸣著.宁夏人地关系演化研究[M].银川：宁夏人民出版社，2005.

[55] 陈育宁主编.宁夏通史（古代卷）[M].银川：宁夏人民出版社，1993.

[56] 固原县志编制组.民国固原县志（上）[M].银川：宁夏人民出版社，1991：293.

[57] 辞海编辑委员会.辞海（缩印本，1989年版），上海：上海辞书出版社，1990：580.

[58] 黄亚平.城市空间理论与空间分析[M].南京：东南大学出版社，2002.

[59] 陈忠祥，束锡红.宁夏南部回族社区形成的环境分析[J].经济地理 2002，22（2）：200-203.

[60] 宁夏回族自治区统计局.宁夏统计年鉴（2013年）[M].北京：中国统计出版社，2013.

[61] 李红波，张小林，吴江国，等.苏南地区乡村聚落空间格局及其驱动机制[J].地理科学，2014，34（4）：438-446.

[62] 杨恒喜，沈树梅，史正涛.基于GIS的独龙族居民点的空间分布[J].林业调查规划，2010，35（2）：14-18.

[63] 惠怡安，张阳生，徐明.试论农村聚落的功能与适宜规模：以延安安塞县南沟流域为例[J].人

文杂志，2010（3）：183-187.

［64］ 唐承丽，贺艳华，周国华，等.基于生活质量导向的乡村聚落空间优化研究 [J].地理学报，
2014（10）：1459-1472.

［65］ 西吉县志 [M].银川：宁夏人民出版社，1995.

［66］ 王勇，李广斌，王传海.基于空间生产的苏南乡村空间转型及规划应对 [J].规划师，2012，28
（4）：110-114.

［67］ 管彦波.影响西南民族聚落的各种社会文化因素 [J].贵州民族研究，2001（2）：94-100.

［68］ 张惠琴.回族特色村寨 [J].中国民族，2012（6）：34-35.

［69］ 申明锐，沈建法，等.比较视野下中国乡村认知的再辨析：当代价值与乡村复兴 [J].人文地理，
2015（6）：94-100.

［70］ 周瑞瑞，米文宝，等.宁夏县域城镇居民生活质量空间分异及解析 [J].干旱区资源与环境，
2017（7）：14-22.

［71］ 中国社会科学院语言研究所词典编辑室编.现代汉语词典 [M].北京：商务印书馆，2002：1410.

［72］ 郭晓东，马利邦，张启媛.陇中黄土丘陵区乡村聚落空间分布特征及其基本类型分析——以甘
肃省秦安县为例 [J].地理科学，2013（1）：45-51.

［73］ 曾山山.我国中部地区农村聚居地域差异与影响因素研究 [D].长沙：湖南师范大学，2008：49.

［74］ 李贺楠.中国古代农村聚落区域分布与形态变迁规律性研究 [D].天津：天津大学，2006：22.

［75］ 刘彦随，靳晓燕，胡业翠.黄土丘陵沟壑区农村特色生态经济模式探讨——以陕西绥德县为例
[J].自然资源学报，2006，21（5）：738-745.

［76］ 管彦波.西南民族聚落的背景分析与功能探究 [J].民族研究，1997（6）：83-91.

［77］ 郭晓东，张启媛，等.山地—丘陵过渡区乡村聚落空间分布特征及其影响因素分析 [J].经济地理，
2012，32（10）：114-120.

［78］ 刘自强，周爱兰.宁夏县域经济的类型演变特征及其发展路径 [J].人文地理，2013（4）：
103-107.

［79］ 郭晓东，马利邦，张启媛.基于 GIS 的秦安县乡村聚落空间演变特征及其驱动机制研究 [J].经
济地理，2012，32（7）：56-62.

［80］ 霍耀中，刘沛林.黄土高原村镇形态与大地景观 [J].建筑学报，2005（12）：42-44.

［81］ 张娟娟，米文宝.基于农户意愿的限制开发生态区发展路径选择——以宁夏南部山区为例 [J].
西南师范大学学报（自然科学版）.2016，41（5）：165-171.

［82］ 李晓玲著.宁夏沿黄城市带回族新型住区空间布局适宜性研究 [M].北京：中国建筑工业出版社，
2014.

［83］ 潘安娥，杨青.基于主成分分析的武汉市经济社会发展综合评价研究 [J].中国软科学，2005
（7）：118-121.

［84］ 业祖润.传统聚落环境空间结构探析 [J].建筑学报，2001（12）：21-25.

［85］ 刘燕.论"三生空间"的逻辑结构、制衡机制和发展原则 [J].湖北社会科学，2016（3）：5-9.

［86］ 朱媛媛，余斌，曾菊新，韩勇.国家限制开发区"生产—生活—生态"空间的优化——以湖北省五峰县为例 [J].经济地理，2015（4）：26-33.

［87］ 贾科利，李群，何杰.回族聚居区土地利用中的回族民族文化因素初探——以宁夏同心县为例 [J].安徽师范大学学报（自然科学版），2016，39（4）：389-393.

［88］ 杨彦淑.海原县畜牧养殖存在的问题及建议 [J].当代畜牧，2016（6）：25-26.

［89］ 马小华.当前清真寺与乡村社会之间关系的实地研究——以 G 县为例 [D].兰州：兰州大学，2011.

［90］ 秦红增.乡土变迁与重塑——文化农民与民族地区和谐乡村建设研究 [M].北京：商务印书馆，2012：252.

［91］ 马宗保.非农产业发展与回族村庄的小康建设——单家集实地调查 [J].回族研究，2004（1）：75-80.

［92］ 周瑞，刘莉莉.西北地区最大的村级牛羊屠宰加工交易市场调查 [J].农产品加工，2007（10）：65-66.

［93］ 高莉，苏峰.韦州"五宝"从山里走向国际市场 [N].宁夏日报，2006-07-07.

［94］ 陆希刚.舒适与集约：小城镇建设用地指标反思 [J].小城镇建设，2017（11）：10-15.

［95］ 宁夏回族自治区规划委员会.宁夏回族自治区空间规划 [Z]，2017.5：168.

［96］ 赵之枫，王峥，云燕.基于乡村特点的传统村落发展与营建模式研究 [J].西部人居环境学刊，2016，31（2）：11-14.

［97］ 王瑜.单家集模式探析 [J].农业科学研究，2005（3）：50-53.

［98］ 梅花·托哈依，杨宝忠.少数民族特需品产业集群化发展探析——以宁夏西吉县单家集清真牛羊肉加工产业为例 [J].农业技术经济，2011（12）：124-128.

［99］ 赵治瑾.宁夏清真牛羊肉出口现状分析 [D].银川：宁夏大学，2013.

［100］ 王乐君，李雄.少数民族传统聚落空间的景观更新 [J].中国园林，2011（11）：91-94.

［101］ 黄金华.新农村公共服务设施规划初探——以广州市番禺区为例 [J].规划师，2008（25）：51-54.

［102］ 张京祥.试论乡村聚落体系的规划组织 [J].人文地理，2002，17（1）：85-89.

［103］ [美] 伊利尔·沙里宁著.城市——它的发展衰败与未来 [M].顾启源译.北京：中国建筑工业出版社，1986.

［104］ 赵虎，郑敏，戎一翎.村镇规划发展的阶段、趋势及反思 [J].现代城市研究，2011，5（15）：47-50.

［105］ 江曼琦著.城市空间结构优化的经济分析 [M].北京：人民出版社，2001：1.

［106］ 周国华，贺艳华，等.中国农村聚居演变的驱动机制及态势分析 [J].地理学报，2011，66（4）：

515-524.

[107] 刘自强，周爱兰，等 . 乡村地域主导功能的转型与乡村发展阶段的划分 [J]. 干旱区资源与环境，2012，26（4）：49-54.

[108] 包亚明主编 . 现代性与生产空间的生产 [M]. 上海：上海教育出版社，2003：47.

[109] 陶松林，张尚武著 . 现代城市功能与结构 [M]. 北京：中国建筑工业出版社，2014.

[110] 赵万民，史靖源，黄勇 . 西北台塬人居环境城乡统筹空间规划研究 [J]. 城市规划，2012，36（4）：77-83.

[111] 朱晓青，王竹，应四爱 . 混合功能的聚居演进与空间适应性特征："浙江模式"下的产住共同体解析 [J]. 经济地理，2010，30（6）：933-937.

[112] 陈铭，陆俊才 . 村庄空间的复合型特征与适应性重构方法探讨 [J]. 规划师，2010，26（11）：44-48.

[113] 唐燕 . 村庄布点规划中的文化反思——以嘉兴凤桥镇村庄布点规划为例 [J]. 规划师，2006，22（4）：49-53.

[114] 吴良镛 . 人居环境科学导论 [M]. 北京：中国建筑工业出版社，2001.

[115] 马勇，李玺 . 旅游规划与开发 [M]. 北京：高等教育出版社，2017：1.

[116] 李德华 . 城市规划原理（第三版）[M]. 北京：中国建筑工业出版社，2001：56.

[117] 胡向红 . 城市用地规划的多目标决策方法探讨 [J]. 新疆农业大学学报，2004，27（1）：54-57.

[118] 王君兰，汪建敏 . 中国干旱地带新开发灌区村镇居民点与基础设施布局初探——以宁夏扶贫扬黄新灌区为例 [J]. 开发研究，1996（1）43-45.

[119] 李鸣骥，何彤慧，璩向宁 . 山前洪积扇面小城镇城镇化过程与区域环境变化关系初探 [J]. 山地学报，2003，21（2）：173-179.

[120] 岳东霞 . 生态承载力理论、方法及其应用研究 [D]. 兰州：兰州大学，2005.

[121] 陈忠祥 . 宁夏南部回族社区生态环境建设若干重要问题的探讨 [J]. 干旱区地理，2001，24（4）：338-341.

[122] 何彤慧，姜玲 . 由宁夏中部地区的资源开发看生态建设的整体性 [J]. 经济地理，2002，22（5）：612-615.

[123] 王新哲，刘晓 . 新疆新农村规划的探索与实践——以巴楚县试点新农村规划为例 [J]. 城市规划学刊，2011（1）：67-75.

[124] 安平山，杨小鹏 . 宁夏六盘山区生态经济可持续发展 [J]. 兰州大学学报（自然科学版），2008，44（3）：60-64.

[125] 刘自强，李静等 . 宁夏限制开发区地域功能评价及空间分异 [J]. 干旱区地理，2016，39（4）：428-434.

[126] 吴良镛 . 北京旧城与菊儿胡同 [M]. 北京：中国建筑工业出版社，1994.

[127] 何依，孙亮.基于宗族结构的传统村落院落单元研究——以宁波市走马塘历史文化名村保护规划为例 [J].建筑学报，2017，2（20）：90-95.

[128] 薛正昌.地域文化与地方人文精神——以宁夏地域文化为例 [J].宁夏大学学报（人文社会科学版），2013，35（6）：184-188.

[129] 梁勇，闵庆文.泾河源头地区生态环境与经济协调发展研究 [J].干旱地区农业研究，2005，3（10）：148-153.

[130] 张中华，张沛，孙海军.城乡统筹背景下西部山地生态敏感区人口转移模式研究 [J].规划师，2012，28（10）：86-91.

[131] 亚森，排吐力，程胜高.乌鲁木齐市相对资源承载力与可持续发展问题研究 [J].环境科学与管理，2011，36（1）：148-154.

[132] 宁夏回族自治区发展与改革规划委员会.宁夏"十三五"中南部地区生态移民规划 [Z].2015.

[133] 杨进朝.宁夏水资源和环境地质问题研究 [D].中国地质大学，2006.

[134] 孟向京，贾绍凤.中国省级人口分布影响因素的定量分析 [J].地理研究，1993，12（3）：56-63.

[135] Forman R T T（eds）.Land Mosaics-he ecology of landscape and regions[M].New York：Cambridge University Press，USA.1995.286-398.

[136] 宁夏地震局编.宁夏地震目录 [M].银川：宁夏人民出版社，1982.

[137] 米文宝，陈忠祥.宁南山区的主要自然灾害及其防治 [J].宁夏大学学报（自然科学版），1991，12（3）：60-65.

[138] 高早亮.西部地区小城镇发展：理论比较与实践反思 [D].西安：西安建筑科技大学，2004.

[139] MALCZEWSKI J.GIS-based land-use suitability analysis：A critical overview[J].Progress in Planning，2004（62）：3-65.

[140] 杜晓军，姜凤岐，沈慧，等.辽西油松林水土保持效益评价 [J].生态学报，2003，23（12）：2531-2539.

[141] 张绍建.基于 GIS 和模糊综合评判法的农用地分等研究 [D].长春：吉林大学，2007.

[142] 邓青春.GIS 支持下的农用地适宜性评价研究——以成都市龙泉驿为例 [D].成都：四川师范大学，2008.

[143] 贺艳华，唐承丽，周国华，等.论乡村聚居空间结构优化模式——PROD 模式 [J].地理研究，2014，33（9）：1716-1727.

[144] 金经元.刘易斯·芒福德 杰出的人本主义城市规划理论家 [J].城市规划，1996，1（9）：44-48.

[145] 郭晓东，牛叔文，等.陇中黄土丘陵区乡村聚落空间分布特征及其影响因素分析——以甘肃省秦安县为例 [J].干旱区资源与环境，2010，24（9）：27-32.

[146] 余咪咪. 新型城镇化背景下安康移民搬迁安置区营建模式及策略研究 [D]. 西安: 西安建筑科技大学, 2017.

[147] 张晓玲, 米文宝. 宁夏海原县区域发展相应机制研究 [J]. 宁夏工程技术, 2013, 12（2）: 177-180.

[148] 朱查松, 王德, 马力. 基于生活圈的城乡公共服务设施配置研究——以仙桃为例 [A].2010 中国城市规划年会, 2010.

[149] 张美娟. 基于生活圈理论的甘肃回族新型农村社区构建研究——以临夏回族自治州麻藏村和三谷村为例 [D]. 兰州: 兰州交通大学, 2015.

[150] 肖作鹏, 柴彦威, 张艳. 国内外生活圈规划研究与规划实践进展述评 [J]. 规划师, 2014, 30（10）: 89-95.

[151] 孙德芳, 沈山, 武廷海. 生活圈理论视角下的县域公共服务设施配置研究——以江苏省邳州市为例 [J]. 规划师, 2012, 28（8）: 68-72.

[152] 唐丽静, 王冬艳, 王霖琳. 基于耕作半径合理布局居民点研究——以山东省沂源县城乡建设用地增减挂钩项目区为例 [J]. 中国人口·资源与环境, 2014, 24（6）: 59-64.

[153] 徐可帅, 刘彦随. 统筹城乡发展导向的中心村镇建设理论思考 [J]. 地域研究与开发, 2011, 30（5）: 7-11.

[154] [美] 西奥多·W·舒尔茨. 改造传统农业 [M]. 梁小民译. 北京: 商务印书馆, 2003.

[155] 李玉林. 西吉县特色蔬菜产业带项目建设内容及成效 [J]. 现代农业科技, 2016,（18）: 282.

[156] 马春花, 马俊. 西吉县露地冷凉蔬菜生产现状及发展对策 [J]. 甘肃农业科技, 2008（4）: 35-36.

[157] 马彩虹, 赵先贵, 郝高建. 宁南山区生态建设与特色产业开发研究——以宁夏西吉县为例 [J]. 干旱区资源与环境, 2005（7）: 114-118.

[158] 张秀红. 海原县农业特色产业发展现状及发展方向 [J]. 中国农业信息, 2016（5）: 137.

[159] 陈晓华, 章莉莉. 欠发达地区乡村空间重构及规划策略——以安徽省池州市为例 [J]. 池州学院学报, 2009, 23（6）: 42-47.

[160] 张国凤. 六盘山冷凉蔬菜实现一年收两茬 [N]. 农民日报, 2016-08-25.

[161] 马平, 赖存理. 中国穆斯林民居文化 [M]. 银川: 宁夏人民出版社, 1995: 73.

[162] 房艳刚, 刘继生. 基于多功能理论的中国乡村发展多元化探讨——超越"现代化"发展范式 [J]. 地理学报, 2015（2）: 257-270.

[163] 宁夏代表团代表集体将目光锁定旅游扶贫. https://www.nx.xinhuanet.com/2005-03/09/c_1114574189.htm.

[164] 岳晓燕, 汪一鸣, 白林波, 等. 宁夏农地资源劳动力承载力时空分析 [J]. 干旱区地理, 2006, 29（5）: 754-759.

［165］ 黄耘．泸沽湖摩梭聚落类型研究——探索适合西南少数民族聚落分类的方法 [J]. 新建筑，
        2011，10（1）: 109-113.

［166］ 陈忠祥．宁夏回族社区空间结构特征及其变迁 [J]. 人文地理，2000，15（5）: 39-42.

［167］ 雷振东，于洋，马琰．青海高海拔浅山区新型村镇规划策略与方法 [J]. 西部人居环境学刊，
        2015，30（2）: 36-39.

［168］ 郝海钊．陕南山区乡村聚落空间发展模式研究 [J]. 小城镇建设，2016（9）: 81-87.

［169］ 雷振东，刘加平．整合与重构——陕西关中乡村聚落转型研究．时代建筑，2007（4）: 22-27.

［170］ 李瑛，陈宗兴．陕南乡村聚落体系的空间分析 [J]. 人文地理，1994，9（3）: 13-21.

［171］ 柳真．西海固回族民居文化 [J]. 大众文艺，2014.12（30）: 38.

［172］ 王军著．中国民居建筑丛书——西北民居 [M]. 北京: 中国建筑工业出版社，2009.

# 后 记

本书是在作者博士论文的基础上经过大量修改而完成的。回想当初，临近不惑之年的我做了攻读博士学位的决定，而后经历了无数次资料收集、乡村调研的艰辛和论文写作的煎熬，最终苦尽甘来，顺利得以毕业，来之不易，心存感激。

特别感谢我的导师陈晓键教授。陈老师治学严谨、宅心仁厚、优雅从容。7年的求学过程中，老师在论文选题、框架拟定和内容修改等环节的点点滴滴的付出都让我终生难忘。在成书之际，深深表达对陈老师无限的谢意，并祝愿我的老师健康平安永随，幸福快乐常伴！

非常感谢西安建筑科技大学雷振东教授、李志民教授、周庆华教授、黄明华教授、刘晖教授、岳邦瑞教授以及西北大学刘科伟教授对论文提出的宝贵的修改意见。

深深感谢我的硕士生导师、西安建筑科技大学吕仁义教授和我的师母沙秀珍老师，感谢二老一直以来对我的学业及生活上的关心和帮助，衷心祝愿二老健康长寿！

非常感谢宁夏大学资源环境学院的米文宝教授、朱志玲教授和宁夏大学西部发展研究中心的李鸣骥教授对论文写作的建议以及在基础资料收集过程中给予的帮助。

非常感谢宁夏回族自治区住房和城乡建设厅李志国副厅长、村镇规划处王栋副处长以及宁夏回族自治区自然资源厅市县规划处李晓玲处长、规划编制科姜奕婷副科长在资料收集和实地调研协调事宜方面给予的帮助。

非常感谢宁夏大学资源环境学院吴昕燕老师和马超同学关于GIS技术应用的指导和帮助。

非常感谢西安建筑科技大学李兰、魏书威、王侠等同门的鼓励和帮助；深深感谢刘淑虎、余咪咪同学在我求学路上的一路陪伴以及给予的信心和力量。

非常感谢我的学生们：闵彦军、杨晓娟、田小敏、马杰、周波、何璐、王勇、罗彩虹、杨静、袁倩、杜朝晖、黄春燕、毛玉婷、杨晓娟、李静、杨柳俏、白璞等，感谢同学们在实地调研、问卷整理过程中的辛劳付出和大力帮助。

最后，深深地感谢我的家人对我学业的支持和生活上的照顾。

本书存在的论述不足与欠妥之处，敬祈读者惠正。

马冬梅

2020年盛夏 于银川